计算机专业·任务驱动应用型教材

影视编辑与制作

主　编　秦潇璇　王　伟　张长晖
副主编　钱玉华　陈慧娟　赵金欣

电子工业出版社
Publishing House of Electronics Industry
北京·BEIJING

内 容 简 介

本书以 Premiere Pro 2022 为平台，主要介绍编辑与制作视频作品的步骤与操作方法。全书共 9 个项目，分别是 Premiere Pro 2022 入门、管理项目与素材、时间轴与序列、处理视频素材和音频素材、制作字幕、制作关键帧动画、抠像与合成技术、画面调色、渲染与输出。本书在内容上以项目任务为框架，提出具体的学习目标，通过实例详细地讲解编辑与制作视频作品的操作方法与具体步骤，从而帮助读者尽快入门。

本书可以作为 Premiere Pro 2022 初学者的入门教材，也可以作为影视剪辑、自媒体制作、广告动画制作和视频特效制作等领域从业人员的参考用书，还可以作为职业院校相关专业或培训机构的教材。

未经许可，不得以任何方式复制或抄袭本书之部分或全部内容。
版权所有，侵权必究。

图书在版编目（CIP）数据

影视编辑与制作 / 秦潇璇，王伟，张长晖主编. —北京：电子工业出版社，2022.7
ISBN 978-7-121-43850-9

Ⅰ．①影… Ⅱ．①秦… ②王… ③张… Ⅲ．①视频编辑软件 Ⅳ．①TP317.53

中国版本图书馆 CIP 数据核字（2022）第 116907 号

责任编辑：康　静　　　　特约编辑：田学清
印　　刷：天津画中画印刷有限公司
装　　订：天津画中画印刷有限公司
出版发行：电子工业出版社
　　　　　北京市海淀区万寿路 173 信箱　　邮编：100036
开　　本：787×1092　　1/16　　印张：15.25　　字数：371 千字
版　　次：2022 年 7 月第 1 版
印　　次：2022 年 7 月第 1 次印刷
定　　价：69.00 元

凡所购买电子工业出版社图书有缺损问题，请向购书店调换。若书店售缺，请与本社发行部联系，联系及邮购电话：（010）88254888，88258888。
质量投诉请发邮件至 zlts@phei.com.cn，盗版侵权举报请发邮件至 dbqq@phei.com.cn。
本书咨询联系方式：（010）88254609，hzh@phei.com.cn。

前　言

Premiere 是 Adobe 公司推出的一款适用于电影、电视和 Web 的视频编辑与制作软件，提供了采集、剪辑、调色、美化音频、添加字幕、输出和 DVD 刻录等一整套流程，并且能够与其他 Adobe 应用程序和服务紧密集成，提升用户的创作能力和创作自由度，帮助用户以顺畅、互联的工作流程，将无序的素材打造成精美的视频。

随着版本的不断更新，Premiere 的功能不断改进和扩展，其操作和应用领域也不断向智能化和多元化方向发展。本书以 Premiere Pro 2022 为基础进行讲解，其全称为 Adobe Premiere Pro 2022。

本书共 9 个项目。按照作品的创作流程全面、详细地介绍 Premiere Pro 2022 的功能、使用方法和技巧，具体内容为 Premiere Pro 2022 入门、管理项目与素材、时间轴与序列、处理视频素材和音频素材、制作字幕、制作关键帧动画、抠像与合成技术、画面调色、渲染与输出。

各项目被划分为不同的任务，每个任务都通过"任务引入"说明实际需求，结合"知识准备"和"实例"帮助读者逐步掌握 Premiere Pro 2022 的各项功能，使读者在学习时能够事半功倍。最后的"项目实战"使读者能够举一反三，掌握操作技巧，提高分析问题和解决问题的能力。

为了方便读者学习，本书中的所有实例均录制了讲解视频，并且提供实例素材和源文件，有需要的读者可以登录华信教育资源网（http://www.hxedu.com.cn）免费下载。如果遇到有关本书的技术问题，则可以将问题发到邮箱（714491436@qq.com），我们将及时回复，也可以加入读者服务 QQ 群（867913082）参与学习交流。

本书由无锡城市职业技术学院的秦潇璇、邯郸职业技术学院的王伟、三峡旅游职业技术学院的张长晖担任主编，由江南影视艺术职业学院的钱玉华、郑州电子信息职业技术学院的陈慧娟、黑龙江外国语学院的赵金欣担任副主编。同时，本书的编写和出版得到了河北军创家园文化发展有限公司的大力支持和帮助，值此图书出版发行之际，向其表示衷心的感谢。

书中主要内容来自编者使用 Premiere 的经验总结，虽然编者几易其稿，但由于时间仓促，加之水平有限，书中纰漏与错误在所难免，恳请广大读者批评指正。

编　者
2022 年 3 月

目　录

项目 1　Premiere Pro 2022 入门..1

　　任务 1　视频制作的相关知识..2
　　　　任务引入..2
　　　　知识准备..2
　　　　　一、线性编辑与非线性编辑..2
　　　　　二、视频的基本概念..3
　　　　　三、视频编辑的三大要素..4
　　　　　四、Premiere 的工作流程..4
　　任务 2　Premiere Pro 2022 的基础操作..5
　　　　任务引入..5
　　　　知识准备..6
　　　　　一、工作界面..6
　　　　　二、设置首选项..8
　　　　　三、操作功能面板..9
　　　　　四、自定义工作区布局..10
　　　　　五、设置快捷键..11
　　　　　实例——为菜单命令"全部保存"设置快捷键..12
　　项目总结..13
　　项目实战..13
　　　　实战 1：停靠和浮动工具面板..13
　　　　实战 2：新建工作区布局..15

项目 2　管理项目与素材..17

　　任务 1　编辑项目..18
　　　　任务引入..18
　　　　知识准备..18
　　　　　一、新建项目..18
　　　　　二、打开项目..19

三、保存和关闭项目 19
任务2 管理素材 20
　　任务引入 20
　　知识准备 20
　　一、导入素材 20
　　实例——导入图像序列 21
　　实例——导入视频素材 22
　　二、素材归类 24
　　三、替换素材 26
　　实例——更换画面背景 27
　　四、链接脱机文件 27
　　五、设置素材播放速度 29
　　六、创建背景元素 30
　　七、清理无用素材 33
项目总结 34
项目实战 34
　　实战1：导入PSD图像 34
　　实战2：黄昏 35

项目3　时间轴与序列 37

任务1 设置序列 38
　　任务引入 38
　　知识准备 38
　　一、认识时间轴面板 38
　　二、创建序列 39
　　实例——从剪辑新建序列 41
　　三、修改序列参数 42
　　实例——自定义序列预设 43
任务2 装配序列 44
　　任务引入 44
　　知识准备 44
　　一、在序列中添加素材 45
　　实例——自动匹配序列 46
　　二、调整素材的排列顺序 47
　　实例——重排素材顺序 47
　　实例——删除素材之间的空隙 48
　　三、设置素材的入点和出点 49

　　　　实例——标记素材的入点和出点 50
　　　　四、设置序列的入点和出点 51
　任务 3　在序列中编辑素材 52
　　　任务引入 52
　　　知识准备 52
　　　　一、认识编辑工具 52
　　　　二、素材编组 53
　　　　三、禁用和启用素材 54
　　　　四、添加标记 54
　　　　五、提取素材和提升素材 56
　　　　实例——删除指定范围内的内容 56
　　　　六、制作子素材 57
　项目总结 59
　项目实战 59
　　　实战 1：三屏短视频 59
　　　实战 2：旅拍 Vlog 61

项目 4　处理视频素材和音频素材 68
　任务 1　处理视频素材 69
　　　任务引入 69
　　　知识准备 69
　　　　一、分离音频和视频画面 69
　　　　二、分割视频 70
　　　　实例——截取视频片段 70
　　　　三、添加视频过渡效果 71
　　　　实例——家具展示 72
　　　　四、设置默认的视频过渡效果 75
　　　　五、应用视频效果 76
　　　　实例——田野日出 78
　　　　实例——创意照片 79
　任务 2　处理音频素材 81
　　　任务引入 81
　　　知识准备 82
　　　　一、修改音频回放速度 82
　　　　二、设置音频单位格式 82
　　　　三、添加音频轨道 83
　　　　四、调整音频增益 84

　　　　　实例——雨后新荷 ... 84
　　　　五、添加音频过渡效果 ... 86
　　　　　实例——背景音乐淡入、淡出的效果 ... 87
　　　　六、应用音频效果 ... 88
　　　　　实例——山涧鸟鸣 ... 88
　　　　七、音轨混合器 ... 89
　项目总结 ... 91
　项目实战 ... 91
　　　实战1：桌面屏保 ... 91
　　　实战2：山雨欲来 ... 92
　　　实战3：交响乐效果 ... 94

项目5　制作字幕 ... 97

任务1　创建标题字幕 ... 98
　任务引入 ... 98
　知识准备 ... 98
　　一、应用预设字幕 ... 98
　　二、使用文字工具制作字幕 ... 99
　　　实例——产品介绍 ... 99
　　三、使用旧版标题功能 ... 101
　　　实例——咖啡鉴赏 ... 104
　　　实例——心形字幕 ... 111

任务2　制作开放式字幕 ... 112
　任务引入 ... 112
　知识准备 ... 112
　　一、添加字幕 ... 113
　　二、修改字幕的文本样式 ... 115
　　　实例——创建竖排字幕 ... 116
　　三、导出字幕和文本样式 ... 119

　项目总结 ... 121
　项目实战 ... 121
　　　实战1：镂空字幕 ... 121
　　　实战2：音画同步 ... 123

项目6　制作关键帧动画 ... 128

任务1　认识关键帧动画 ... 129
　任务引入 ... 129

　　　　知识准备 129
　　　　一、关键帧的概念 129
　　　　二、关键帧动画的原理 129
　　任务 2　添加关键帧 130
　　　　任务引入 130
　　　　知识准备 130
　　　　一、在时间轴面板中添加关键帧 130
　　　　实例——美文欣赏 131
　　　　二、在"效果控件"面板中添加关键帧 136
　　　　实例——飞舞的落叶 137
　　　　三、复制和粘贴关键帧 140
　　　　四、移动关键帧 141
　　　　五、关键帧插值 141
　项目总结 142
　项目实战 142
　　　　实战 1：发光的水晶球 142
　　　　实战 2：蝶恋花 146

项目 7　抠像与合成技术 153

　任务 1　抠像与合成的基础 154
　　　　任务引入 154
　　　　知识准备 154
　　　　一、抠像简介 154
　　　　二、视频合成的方法 154
　　　　三、调整不透明度 154
　　　　实例——闪亮的星 155
　　　　四、应用混合模式 157
　　　　实例——天空倒影 158
　任务 2　键控效果 159
　　　　任务引入 159
　　　　知识准备 159
　　　　一、"Alpha 调整"效果 159
　　　　实例——水晶球里的风景 161
　　　　二、"亮度键"效果 163
　　　　实例——沙滩玫瑰 163
　　　　三、"超级键"效果 165
　　　　实例——鱼缸 166

　　　　四、"轨道遮罩键"效果 168
　　　　实例——魔镜 168
　　　　五、"颜色键"效果 172
　　　　实例——外景拍摄 172
　　任务 3　蒙版与跟踪 175
　　　　任务引入 175
　　　　知识准备 175
　　　　一、使用形状工具创建蒙版 175
　　　　二、使用贝赛尔曲线创建蒙版 177
　　　　实例——山水画卷 177
　　　　三、跟踪蒙版 180
　　　　实例——人脸跟踪 180
　　项目总结 182
　　项目实战 182
　　　　实战 1：舞台灯光 182
　　　　实战 2：海底探秘 187

项目 8　画面调色

　　任务 1　色彩的基础知识 191
　　　　任务引入 191
　　　　知识准备 191
　　　　一、色彩的构成要素 191
　　　　二、色彩模式 192
　　任务 2　调色效果 192
　　　　任务引入 192
　　　　知识准备 192
　　　　一、"图像控制"类效果 193
　　　　实例——变化的天空 194
　　　　二、"调整"类效果 196
　　　　三、"颜色校正"类效果 198
　　　　实例——复古照片 200
　　　　四、"过时"类效果 202
　　　　实例——蓝色妖姬 209
　　项目总结 210
　　项目实战 211
　　　　实战 1：冬日雪景 211
　　　　实战 2：春去秋来 212

项目 9　渲染与输出 ...214

任务 1　渲染视频 ...215
　　任务引入 ...215
　　知识准备 ...215
　　　一、渲染视频的方式 ...215
　　　二、渲染入点到出点 ...216
　　　三、渲染选择项 ...217

任务 2　导出与打包 ...218
　　任务引入 ...218
　　知识准备 ...218
　　　一、项目输出类型 ...218
　　　二、导出设置 ...219
　　　三、导出为图片 ...223
　　　实例——导出为动画 GIF 文件 ...224
　　　四、导出为视频 ...225
　　　实例——导出为手机视频 ...225
　　　五、导出音频 ...227
　　　六、打包项目文件 ...228

项目总结 ...230
项目实战 ...230
　　实战 1：导出为单帧图片 ...230
　　实战 2：导出为 MP4 格式的视频 ...232

项目 1

Premiere Pro 2022 入门

思政目标

➢ 了解视频制作的相关知识，对 Premiere 的特点和应用领域有较清楚的认识。
➢ 从基础入手，培养学习本课程的兴趣，主动提升自身技能。

技能目标

➢ 能够熟练操作 Premiere Pro 2022 的工作界面。
➢ 能够根据需要配置合适的工作区布局，并且自定义操作快捷键。

项目导读

目前市面上的视频编辑软件众多，Premiere 是最常用的视频编辑软件之一。Premiere 是 Adobe 公司推出的一款基于非线性编辑设备的视频编辑软件，广泛应用于广告、影视节目制作等领域。Premiere 具有高效、易学、创作自由的特点，可以进行视频剪辑和调色，也可以美化音频、添加字幕和特效，还可以灵活输出文件等。此外，Premiere 能够与其他 Adobe 应用程序和服务紧密集成，帮助用户以顺畅、互联的工作流程，将无序的素材打造成精美的视频。

任务 1　视频制作的相关知识

任务引入

李想是某大学的一名大二学生，也是学校摄影社团的成员。看到计算机硬盘里种类繁多、数量庞大的摄影作品，他萌生了将零散的摄影素材制作成视频的想法。目前，市面上的视频处理软件众多，各款软件都有自己的优点和缺点。那么，该选用什么样的软件制作视频呢？在制作视频时要注意哪些要素呢？网友力推的 Premiere 的工作流程是怎样的呢？

知识准备

随着数字化技术的飞速发展，影视编辑技术也由最初的直接剪接胶片的线性编辑形式，变为了如今借助计算机进行的非线性编辑形式。

一、线性编辑与非线性编辑

线性编辑是基于磁带的编辑，根据节目内容的要求，通过磁头将素材按照时间顺序从头到尾写入磁带，从而连接成新的连续画面。它以录像机为核心设备，以磁带为记录载体，将节目信号按照时间进行线性排序。

在查找素材时，录像机只能在一维的时间轴上按照镜头的顺序逐段搜索，不能跳跃搜索，因此选择素材非常耗费时间，从而影响视频的编辑效率。而且在视频编辑完成后，要改变这些镜头的组接顺序会很麻烦。这是因为对编辑带的任何改动，都会直接影响记录在磁带上的信号的真实地址。如果要插入与原画面时间不等的画面，或者删除节目中的某些片段，则需要重新进行编辑；而且每编辑一次，视频的画面质量都会有所下降。

非线性编辑是相对于线性编辑而言的，是可以按照任意顺序对画面进行组接的影视节目编辑方式。这种编辑方式将输入的各种音频信号和视频信号进行 AD（模数）转换，采用数字压缩技术将其存入计算机硬盘。它以硬盘为记录载体，可以在 1/25 秒内随机读取和存储任意一帧画面，也可以随时、随地、多次、反复地以交叉跳跃的方式改变镜头顺序，从而处理素材效果。由于在实际编辑过程中只有编辑点和特技效果的记录，因此不影响已编辑好的素材，无须对其余部分进行重新编辑或再次转录，并且不会导致画面质量下降。此外，非线性编辑系统设备体积小，功能集成度高，易于与其他非线性编辑系统或普通个人计算机联网，实现网络资源的共享。

综上所述，与传统的线性编辑系统相比，非线性编辑系统具有显著的优越性。

二、视频的基本概念

在制作视频之前,读者有必要了解一些视频的基本概念,为后期的视频制作奠定基础。

1. 帧和帧速率

在视频中,一帧就是一幅完整的画面,一段视频由多帧画面连续播放形成。

帧速率又称为帧频,是电视或显示器上每秒钟扫描的帧数。帧速率的大小决定了视频播放的画面平滑程度,该值越大,画面越平滑。电影的标准帧速率为 24 帧/秒,用户可以根据需要设置合适的帧速率,在通常情况下,项目的帧速率应该与视频的帧速率相匹配。

2. 场

在采用隔行扫描方式进行播放的设备中,视频每一帧画面都会被拆分开进行显示,拆分后得到的残缺画面称为场。场以水平隔线的方式保存帧的内容,在显示时,先显示第 1 个场的交错间隔内容,再显示第 2 个场,用于填充第 1 个场留下的缝隙。这两个场称为场 1 和场 2,又称为奇场和偶场。

3. 视频制式

目前,彩色电视制式主要有 3 种:NTSC 制式、PAL 制式和 SECAM 制式。下面简要介绍这 3 种视频制式的概念。

NTSC 制式又称为正交平衡调幅制式,帧速率为每秒 29.97 帧(简化为 30 帧),电视扫描线为 525 线,偶场在前,奇场在后。标准的数字化 NTSC 制式电视的标准分辨率为 720 像素×486 像素、色彩位深为 24 比特、画面的宽高比为 4:3、颜色模型为 YIQ。美国和加拿大等大部分西半球国家,日本、韩国、菲律宾等国家,以及中国的台湾地区均采用这种制式。NTSC 制式的信号不能直接兼容于计算机系统,通过适配器可以将 NTSC 制式的信号转换为计算机能够识别的数字信号。相反地,有些设备可以将计算机视频转换为 NTSC 制式的信号,将电视接收器作为计算机显示器使用。但是由于通用电视接收器的分辨率要比普通显示器的分辨率低,因此,电视屏幕不能适用于所有的计算机程序。

PAL 制式采用逐行倒相正交平衡调幅的技术,克服了 NTSC 制式相位敏感造成色彩失真的缺点,帧速率为每秒 25 帧,电视扫描线为 625 线,奇场在前,偶场在后。标准的数字化 PAL 制式电视的标准分辨率为 720 像素×576 像素、色彩位深为 24 比特、画面的宽高比为 4:3、颜色模型为 YUV。德国、英国等部分西欧国家,新加坡、澳大利亚、新西兰等国家,以及中国大陆地区均采用这种制式。PAL 制式根据不同的参数细节,可以进一步划分为 G、I、D 等制式。其中,PAL-D 制式是中国大陆地区采用的制式。

SECAM 制式又称为塞康制式,意为"按照顺序传送彩色与存储",属于同时顺序制,俄罗斯、法国及东欧国家均采用这种制式。SECAM 制式与 PAL 制式类似,差别是 SECAM 制式中的色度信号是频率调制(FM),在信号传输过程中,亮度信号每行传送,红色差(R-Y)信号和蓝色差(B-Y)信号逐行依次传送,即用行错开传输时间的方法避免同时传输产生的串色,以及由此造成的色彩失真。SECAM 制式的特点是不怕干扰,色彩效果好,但是兼容性差。SECAM 制式的帧速率为每秒 25 帧、电视扫描线为 625 线、隔行扫描、画面的宽高比为 4∶3、分辨率为 720 像素×576 像素。

提示

近年来,随着视频行业的兴起与普及,高清晰彩色电视标准(High-Definition Television,HDTV)应运而生,采用该标准的视频可以完全被计算机系统兼容,但是由于有些设计上的问题仍有待解决,可能会大幅增加通用电视机的成本,因此本任务不对其进行介绍。

4.视频画幅

视频作品的宽度和高度称为视频画幅。在 Premiere 中,视频画幅的大小以像素为单位。

常见的视频画幅比例有 16∶9 和 4∶3。16∶9 是目前最常见的视频画幅比例之一,720P 和 1080P 的视频标准分辨率都采用这种视频画幅比例,适用于计算机宽屏,也能在手机上全屏播放。与之对应的是,手机竖屏的视频画幅比例为 9∶16。4∶3 是传统的 CRT 电视的视频画幅比例,现在已逐渐淡出大众的视野,有些投影幕布会采用这种尺寸。

5.像素纵横比

位图图像文件中包含许多矩形像素,通常使用图像在水平方向上和垂直方向上包含的像素数量和像素纵横比测量图像的大小。

像素纵横比是指像素的宽度与高度之比。在通常情况下,电视像素是矩形(非正方形)的。例如,NTSC 制式视频的像素纵横比为 0.9;大部分计算机显示器使用方形像素,其像素纵横比为 1。因此,在计算机显示器上看起来合适的图像在电视屏幕上会变形,在显示球形图像时尤其明显。

在 Premiere 中,可以根据最终作品播放的设备设置像素纵横比。

三、视频编辑的三大要素

编辑视频要考虑多方面因素,其中最主要的 3 个因素是画面、声音和色彩,即视频编辑的三大要素。

画面是视频作品传递信息的主要媒介,通常会给观众最直观的视觉感受。在剪辑画面时,要找准剪辑点,在合适的时刻进行镜头切换。镜头的组接应符合观众的思维方式,遵循"动从动""静接静"的影视表现规律。

声音除了可以带给观众听觉上的感受,还是表达视频作品情感的主要方式,可以调节视频画面的节奏。

色彩也是表达视频作品情感的一种重要方式,不同的色彩可以烘托不同的氛围。

四、Premiere 的工作流程

作为行业中优秀的视频编辑与制作软件,Premiere 涵盖众多设计领域(如视频剪辑、自媒体制作、短视频制作、广告动画制作、视频特效制作、电子相册制作等），是视频编辑爱好者和专业人士必不可少的视频编辑工具。

Premiere 不仅功能强大、全面，而且易学、高效，即使是初学者，也能很快掌握该软件的操作方法，精确地剪辑视频。使用 Premiere 创建视频作品的工作流程如下。

1．编写脚本，收集素材

在 Premiere 中创建视频作品前，应先将创作构思拟定为一个具体的执行脚本，将其作为创作过程中的参考。然后制作、整理需要使用的图像、字幕、音频和视频素材，并且将素材分门别类地存储于专门的文件夹中，便于在进行后期制作时对其进行调用和管理。

2．启动 Premiere，创建项目，导入素材

在 Premiere 中创建的视频作品称为项目，使用项目文件不仅可以生成数字视频作品，还可以管理视频作品资源。

在创建项目后，可以将项目所需的各种素材导入项目面板，以便后续步骤组接素材，创建数字视频作品。

3．将素材拖动到时间轴面板中，创建序列

Premiere 通过对序列中的素材进行编辑创建作品。将项目面板中的素材拖动到时间轴面板中，各种素材、特效和过渡效果组成的顺序集合就是序列。

4．在时间轴面板中剪辑、加工素材

在创建序列后，即可对序列中的素材进行编辑，包括剪辑素材、添加动画效果、应用过渡效果、调整颜色等。

5．添加字幕

字幕是视频作品中的常见元素，直观、易懂，不仅可以有效地传递作品表达的信息，还可以使版面美观，增强设计感。

6．输出视频作品

在视频作品制作完成后，可以将其发布成多种设备支持的格式，便于观看与共享。根据需要，还可以对视频作品进行压缩输出。

任务 2　Premiere Pro 2022 的基础操作

任务引入

"工欲善其事，必先利其器"。李想知道，使用 Premiere 制作视频作品，首要的任务是熟悉 Premiere 的工作界面和基础操作。Premiere Pro 2022 的工作界面中包含哪些组

成部分呢？李想在处理照片素材时喜欢使用快捷键，在 Premiere 中能否根据他的喜好和习惯自定义工作区布局，并且为经常使用的命令配置键盘快捷键呢？

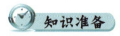

一、工作界面

在桌面上双击 Adobe Premiere Pro 2022 图标，或者在"开始"菜单中选择"Adobe Premiere Pro 2022"命令，即可启动 Adobe Premiere Pro 2022（以下简称 Premiere），进入"主页"界面。

在"主页"界面中，单击"新建项目"按钮可以新建一个项目文件；单击"打开项目"按钮可以打开现有的项目文件。在"主页"界面右侧的"最近使用项"区域中会显示最近编辑的项目文件，在该区域中选择项目文件即可打开指定的项目文件。

在新建或打开项目文件后，进入 Premiere Pro 2022 的工作界面，如图 1-1 所示。

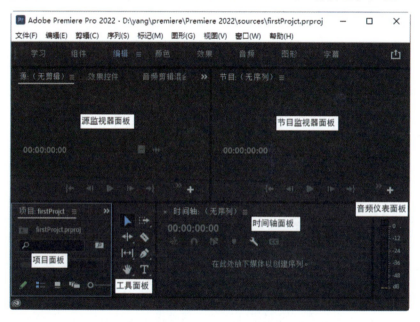

图 1-1　Premiere Pro 2022 的工作界面

工作界面的顶部是标题栏，显示 Premiere 图标和应用程序名称、当前打开的项目文件的路径、"最小化"按钮、"最大化"按钮和"关闭"按钮。

标题栏的下方是菜单栏，包括"文件"、"编辑"、"剪辑"、"序列"、"标记"、"图形"、"视图"、"窗口"和"帮助"共 9 个菜单项，如图 1-2 所示。每个菜单项都包含丰富的菜单命令，由此可以看出 Premiere 功能的强大。

图 1-2　菜单栏

菜单栏的下方是工作区面板，显示了 Premiere 预置的几种工作区布局，如图 1-3

所示。不同的工作区布局默认显示不同的功能面板，单击不同的布局模式按钮，可以切换为不同的工作区布局，便于用户选择合适的工作流，用于创作视频。

图 1-3 工作区面板

单击工作区面板右侧的"展开"按钮 ，可以看到因菜单溢出而没有显示的其他 3 种工作区布局模式："所有面板"、"元数据记录"和"作品"。

工作区面板下方是对应的工作区布局中的功能面板。例如，在"编辑"工作区布局模式下，默认显示源监视器面板、节目监视器面板、项目面板、工具面板、时间轴面板和音频仪表面板。

Premiere Pro 2022 提供了 3 种不同的监视器面板：源监视器面板、节目监视器面板和参考监视器面板。监视器面板主要用于预览视频素材和音频素材，在素材中设置入点、出点和标记，修改素材的持续时间，等等。其中，源监视器面板主要用于显示素材编辑之前的原始状态，节目监视器面板主要用于显示素材经编辑之后的状态。常用的双显示监视器面板模式由源监视器面板和节目监视器面板组成，如图 1-4 所示。

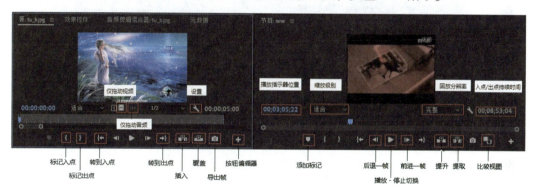

图 1-4 双显示监视器面板模式

在图 1-4 中，左侧是源监视器面板，主要用于预览或剪裁项目面板中被选中的原始素材，设置素材的入点和出点，然后将它们插入项目，或者将它们覆盖到项目中。在项目面板中双击素材，即可在源监视器面板中预览该素材。对于音频素材，源监视器面板中还可以显示音频波形。

在图 1-4 中，右侧是节目监视器面板，主要用于预览时间轴序列中已经编辑的素材、特效和过渡效果，也是最终输出视频效果的预览窗口。单击"播放-停止切换"按钮 ，或者直接按空格键，可以在节目监视器面板中播放序列。

项目面板主要用于显示、存储和导入素材文件。

工具面板可以提供编辑素材文件的工具。

时间轴面板主要用于编辑素材，为素材添加过渡效果、特效、字幕等。

音频仪表面板主要用于显示混合声道输出音量的大小。如果音量柱状顶端显示为红色，则表示音量超出了安全范围，在这种情况下，应及时调整音频的增益，以免损坏音频设备。

二、设置首选项

为了提高工作效率，用户可以根据自己的创作习惯和项目的编辑需要，通过设置首选项修改 Premiere 的外观和默认功能参数。

在菜单栏中选择"编辑"→"首选项"命令，在弹出的子菜单中选择所需命令（如"常规"命令），即可弹出"首选项"对话框，如图 1-5 所示。

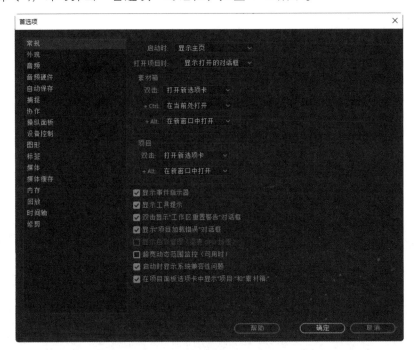

图 1-5 "首选项"对话框

根据图 1-5 可知，Premiere 提供了丰富的分类选项，以便用户定制工作环境。下面简要介绍各个分类选项的主要用途。

- 常规：设置启动后进入的界面，以便对素材箱和项目进行操作。
- 外观：修改 Premiere 操作界面、交互控件和焦点指示器的亮度。
- 音频：设置音频的自动匹配时间、5.1 混音类型和播放方式等。
- 音频硬件：设置音频的默认输入和默认输出等。
- 自动保存：指定项目文件自动保存的时间间隔和最大保存项目数。
- 捕捉：设置在音频素材和视频素材的采集过程中，对可能出现的问题的响应方式。
- 协作：设置团队协作的相关参数。
- 操纵面板：设置管理设备类型。
- 设备控制：设置设备的控制程序及相关选项。
- 图形：设置文本引擎和缺少字体的替换字体。
- 标签：设置素材箱、序列、视频、音频和图像等对象的标签颜色。
- 媒体：设置媒体的时基、时间码和起始帧位置。
- 媒体缓存：设置媒体缓存文件的位置和媒体缓存管理的相关选项。

- 内存：指定分配给 Adobe 相关软件的内存空间，以及优化渲染的方式。
- 回放：设置回放采用的音频设备和视频设备，以及是否暂停 Media Encoder 队列。
- 时间轴：设置视频过渡效果、音频过渡效果和静止图像的默认持续时间，以及时间轴播放自动滚屏的方式。
- 修剪：设置修剪素材时的偏移量。

在设置完成后，单击"确定"按钮，关闭"首选项"对话框。

注意

有些设置不会立即生效，会在下次操作时生效。

三、操作功能面板

Premiere 提供了丰富的功能面板，有些功能面板默认停放在工作区中，有些功能面板是隐藏的。在创建视频作品的过程中，用户可以根据需要调整功能面板的大小、显示或隐藏某些功能面板，或者对经常使用的功能面板进行编组，以便使用。

1. 显示、隐藏功能面板

如果需要在工作区中显示某个功能面板，则可以在菜单栏中选择"窗口"菜单项，然后在弹出的菜单中勾选需要显示的功能面板名称，如"字幕"，该功能面板名称的左侧会显示选中标记，如图 1-6 所示。

如果不希望在工作区中显示某个功能面板，则可以在"窗口"菜单中再次选择该功能面板的名称，使该功能面板名称的左侧不再显示选中标记，从而隐藏该功能面板。此外，右击功能面板的标题栏，或者单击功能面板标题栏右侧的选项按钮，在弹出的快捷菜单中选择"关闭面板"命令，如图 1-7 所示，也可以在工作区中隐藏功能面板。

图 1-6　勾选"字幕"面板

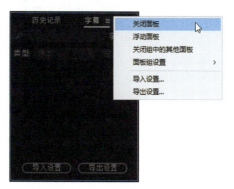

图 1-7　选择"关闭面板"命令

2. 调整功能面板的大小

将鼠标指针移动到功能面板的左、右边缘，当鼠标指针显示为横向的双向箭头时，按住鼠标左键并拖动鼠标，可以调整功能面板的宽度。将鼠标指针移动到面板的顶边或底边，当鼠标指针显示为纵向的双向箭头时，按住鼠标左键并拖动鼠标，可以调整功能面板的高度。

> **教你一招**
>
> 将鼠标指针移动到多个功能面板组的交叉位置,当鼠标指针显示为四向箭头✥时,按住鼠标左键并拖动鼠标,可以同时调整多个相邻功能面板组的大小。

3．功能面板的编组与浮动

在默认情况下,Premiere 的功能面板会按照功能进行编组,并且停靠在工作区中。用户可以根据创作习惯对功能面板进行重新分组,或者浮动某些功能面板,以便后续使用。

当按住鼠标左键并拖动功能面板时,目标放置区域的颜色会比其他区域的颜色亮一些,释放鼠标左键,即可在指定位置停靠功能面板,并且根据放置区域的类型对功能面板进行分组。

在拖动面板时按住 Ctrl 键,可以使功能面板独立出来,自由浮动在工作区中。

四、自定义工作区布局

在 Premiere 中,用户不仅可以使用预设的多种工作区布局,还可以根据创作需要和习惯,创建自定义的工作区布局并保存。

单击工作区面板右侧的"展开"按钮 »,在弹出的菜单中选择"编辑工作区"命令,如图 1-8 所示,会弹出"编辑工作区"对话框,如图 1-9 所示。在该对话框中,可以调整工作区布局、设置在界面中显示的工作区布局、隐藏指定的工作区布局。例如,在"栏"节点下的"编辑"选项上按住鼠标左键,然后将其拖动到"学习"选项的上方,此时,目标位置会显示一条蓝色的实线,如图 1-10 所示;释放鼠标左键,即可将"编辑"选项移动到"学习"选项的上方,如图 1-11 所示。采用同样的方法,可以将工作区布局放置在其他分类节点下,如将"溢出菜单"节点下的"所有面板"选项移动到"不显示"节点下。

图 1-8 选择"编辑工作区"命令　　　图 1-9 "编辑工作区"对话框

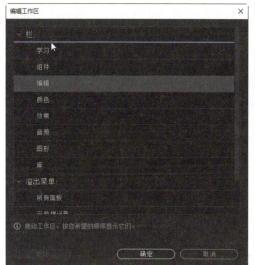 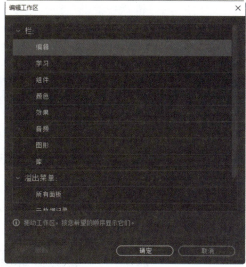

图 1-10 移动"编辑"选项　　　图 1-11 将"编辑"选项移动到"学习"选项的上方

五、设置快捷键

Premiere Pro 2022 为大部分菜单命令、功能面板和工具提供了快捷键。使用快捷键可以节省操作时间、提高工作效率。用户不仅可以使用、修改系统预设的快捷键,还可以根据创作习惯自定义快捷键。

在菜单栏中选择"编辑"→"快捷键"命令,弹出"键盘快捷键"对话框,如图 1-12 所示。

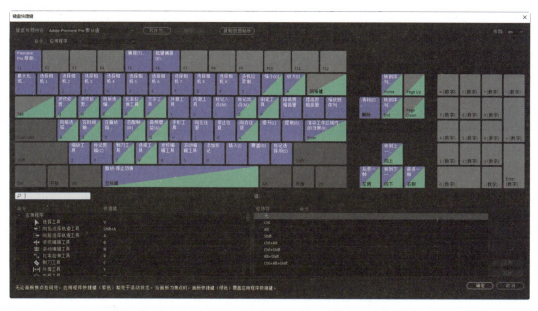

图 1-12 "键盘快捷键"对话框

在图1-12中,"键盘快捷键"对话框使用键盘布局很直观地显示了应用程序(菜单命令和工具)和功能面板的快捷键。其中,应用程序的快捷键显示为紫色,无论功能面板焦点在何处,应用程序的快捷键都处于激活状态;功能面板的快捷键显示为绿色,当功能面板为焦点时,功能面板的快捷键会覆盖应用程序的快捷键。

在"键盘快捷键"对话框中的键盘布局下方的"命令"列表框中,可以查看应用程序和功能面板的快捷键,也可以为指定应用程序和功能面板创建快捷键。

实例——为菜单命令"全部保存"设置快捷键

(1)在菜单栏中选择"编辑"→"快捷键"命令,弹出"键盘快捷键"对话框,在键盘布局下方的"命令"列表框中展开"应用程序"→"文件"节点,选择要创建快捷键的命令"全部保存",如图1-13所示。

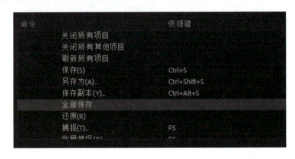

图1-13 选择要创建快捷键的命令"全部保存"

(2)按Alt+Shift+S组合键,可以看到,"全部保存"命令对应的"快捷键"被自动设置为"Alt+Shift+S",如图1-14所示。

(3)单击"确定"按钮,关闭"键盘快捷键"对话框。此时,在菜单栏中选择"文件"菜单项,在弹出的菜单中可以看到设置的快捷键,如图1-15所示。

图1-14 设置快捷键

图1-15 查看设置的快捷键

如果要删除自定义的快捷键,则可以在菜单栏中选择"编辑"→"快捷键"命令,弹出"键盘快捷键"对话框,在键盘布局下方的"命令"列表框中找到要删除快捷键的命令,然后单击该命令对应的"快捷键"文本框右侧的"删除"按钮,最后单击"确定"按钮,关闭该对话框。

项目总结

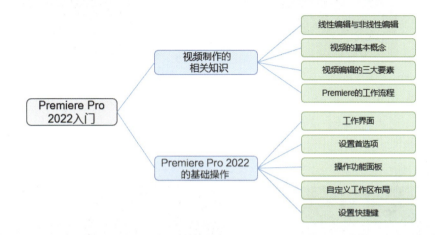

项目实战

实战1：停靠和浮动工具面板

本实战首先将工具面板停靠在其他面板组中，然后将其从面板组中分离，最后使其显示为浮动面板，从而演示停靠、分离和浮动面板的操作方法。

（1）如果工作区中没有显示工具面板，那么在菜单栏中选择"窗口"→"工具"命令，打开工具面板。

（2）在工具面板的标题栏上按住鼠标左键，将工具面板拖动到一个面板组中，此时，面板组中会显示一个颜色较亮且标记空间位置的放置区域，如图1-16所示。

图1-16　显示放置区域

放置区域的边缘区域分别表示将工具面板拖动到面板组的上方、下方、左侧和右侧，中间区域表示将工具面板拖动到当前面板组中。

（3）按住鼠标左键将面板拖动到要放置的区域，相应的区域会变亮。例如，将工具面板拖动到中间区域，中间区域会变亮，如图1-17所示。

（4）释放鼠标左键，即可将工具面板拖动到面板组当前活动面板的右侧，并且显示为当前面板，如图1-18所示。

图 1-17 将工具面板拖动到放置区域的中间区域　　图 1-18 将工具面板拖动到面板组中

（5）在面板组中选中工具面板，在标题栏上按住鼠标左键并拖动鼠标，显示放置区域，将工具面板拖动到放置区域的右侧区域，如图 1-19 所示。

（6）释放鼠标左键，即可将工具面板从面板组中分离并放置到面板组右侧，如图 1-20 所示。

图 1-19 将工具面板拖动到放置区域的右侧区域　　图 1-20 将工具面板从面板组中分离并放置到面板组右侧

（7）在工具面板的标题栏上右击，在弹出的快捷菜单中选择"浮动面板"命令，如图 1-21 所示，即可使工具面板浮动在工作区中，并且可以随意地移动工具面板的位置，如图 1-22 所示。

图 1-21 选择"浮动面板"命令　　图 1-22 使工具面板显示为浮动面板

提示

在拖动面板时按住 Ctrl 键，也可以将面板变为浮动面板。

（8）将鼠标指针移动到浮动的工具面板的标题栏下方，按住鼠标左键并将其拖动到面板组中，显示放置区域。将工具面板拖动到放置区域顶部的分组区中，如图1-23所示。

（9）释放鼠标左键，即可将浮动的工具面板停靠在面板组中，如图1-24所示。

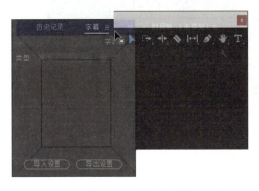

图1-23　将工具面板拖动到放置区域顶部的分组区中　　　　图1-24　将浮动的工具面板停靠在面板组中

实战2：新建工作区布局

（1）在菜单栏中选择"窗口"→"参考监视器"命令，打开参考监视器面板。

（2）在参考监视器面板的标题栏下方按住鼠标左键，将参考监视器面板拖动到节目监视器面板放置区域的左侧区域，如图1-25所示。

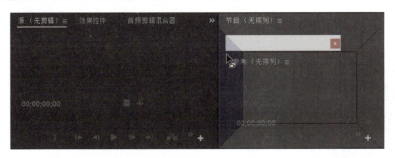

图1-25　将参考监视器面板拖动到节目监视器面板放置区域的左侧区域

（3）释放鼠标左键，即可将参考监视器面板放置到节目监视器面板的左侧，如图1-26所示。

图1-26　将参考监视器面板放置到节目监视器面板的左侧

（4）将鼠标指针分别移动到参考监视器面板的左、右边缘，按住鼠标左键并拖动鼠标，可以调整该面板的宽度，如图1-27所示。

图1-27　调整参考监视器面板的宽度

在自定义的工作区布局创建完成后，如果希望以后也能使用该工作区布局，则可以保存该工作区布局。

（5）在菜单栏中选择"窗口"→"工作区"→"另存为新工作区"命令，在弹出的"新建工作区"对话框中输入工作区布局的名称，如图1-28所示，然后单击"确定"按钮，关闭该对话框。

（6）在菜单栏中选择"窗口"→"工作区"命令，在弹出的子菜单中可以看到新建的自定义工作区布局，如图1-29所示。

图1-28　"新建工作区"对话框　　　　图1-29　查看新建的自定义工作区布局

（7）如果要将自定义的工作区布局显示在主界面的工作区面板中，则可以在菜单栏中选择"窗口"→"工作区"→"编辑工作区"命令，弹出"编辑工作区"对话框，将自定义的工作区布局移动到"栏"节点下即可。

（8）如果不再需要自定义的工作区布局，则可以在"编辑工作区"对话框中选中自定义的工作区布局，然后单击"删除"按钮。

 提示

不能删除Premiere中预设的工作区布局。

项目 2

管理项目与素材

思政目标

- 增强保护素材版权的意识,分门别类地收集和整理素材,培养良好的学习习惯。
- 根据实际需求管理项目和素材,培养严谨、求实的优秀品质。

技能目标

- 能够创建项目,并且根据需要设置项目的常规参数和暂存盘文件夹。
- 能够导入各种类型的素材,链接脱机文件,并且对素材进行分类管理。
- 能够创建 Premiere 背景元素。

项目导读

使用 Premiere 编辑视频,首先需要创建项目对象,然后将所需素材导入项目面板进行管理,以便在编辑过程中调用。本项目主要介绍创建 Premiere 项目对象的方法,以及使用项目面板管理素材的常用操作。

任务 1　编辑项目

李想在新建 Premiere 项目时，看到项目参数繁多，不知该怎样设置这些参数。这些参数应该依据什么进行设置呢？如果打开已有的项目并对其进行了修改，那么该如何保存并关闭该项目呢？

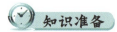

一、新建项目

在 Premiere 中，项目是一个包含序列和相关素材，并且与包含的素材之间存在链接关系的文件。项目文件中存储了序列和素材的一些相关信息和编辑操作的数据。

（1）在菜单栏中选择"文件"→"新建"→"项目"命令，弹出"新建项目"对话框，如图 2-1 所示。

图 2-1　"新建项目"对话框

当启动 Premiere 时，在"主页"界面中单击"新建项目"按钮，也会弹出"新建项目"对话框。

（2）在"名称"文本框中输入项目名称。

（3）单击"浏览"按钮，选择项目的存储位置。

（4）在"常规"选项卡中设置项目的常规选项。

- 视频显示格式：设置帧在时间轴面板中播放时 Premiere 使用的帧数，以及是否使用丢帧或不丢帧时间码。
- 音频显示格式：将音频单位设置为毫秒或音频采样。音频采样是编辑音频的最小增量。
- 捕捉格式：设置要采集的音频或视频的格式。

（5）切换到"暂存盘"选项卡，设置存储采集的音频、视频的路径，以及存储预览视频和预览音频的路径。

建议选择一个较大的空间作为媒体暂存盘文件夹，并且为各种媒体新建专门的文件夹，用于存储缓存。

（6）切换到"收录设置"选项卡，设置项目的收录选项。

（7）在设置完成后，单击"确定"按钮，即可进入 Premiere 的工作界面，并且打开新建的项目文件，在标题栏上可以看到项目的完整路径和名称。

二、打开项目

如果要打开现有的项目文件进行编辑，则可以在菜单栏中选择"文件"→"打开项目"命令，在弹出的"打开项目"对话框中选择所需项目文件，然后单击"打开"按钮。

当启动 Premiere 时，在"主页"界面中单击"打开项目"按钮，如图 2-2 所示，也会弹出"打开项目"对话框。

图 2-2 单击"打开项目"按钮

如果要打开最近编辑过的项目文件，那么在"主页"界面的"最近使用项"区域中单击所需项目文件即可。

三、保存和关闭项目

在编辑项目文件的过程中，要养成及时保存项目文件的好习惯，避免断电或其他系统故障导致数据丢失。

在菜单栏中选择"文件"→"保存"命令，或者按 Ctrl+S 组合键，可以保存当前项目文件。在菜单栏中选择"文件"→"全部保存"命令，可以保存打开的所有项目文件。

如果要基于当前项目制作一个类似的项目，则可以在菜单栏中选择"文件"→"保存副本"命令，在弹出的"保存项目"对话框中指定存储路径和项目名称。

在项目文件编辑完成后，可以按 Ctrl+Shift+W 组合键，或者在菜单栏中选择"文件"→"关闭项目"命令，关闭项目文件，以免对项目文件进行误操作。

任务 2　管理素材

李想根据视频作品的实际需求和最终播放设备创建了一个项目。接下来他想将拍摄的视频和照片，以及收集整理的音频、图片导入项目，以便在制作视频时进行调用和后期管理。那么，怎样将不同类型的素材导入 Premiere 项目呢？素材的种类繁多，在 Premiere 中能否对素材进行分类管理呢？如果后期需要替换某些素材，或者某些素材因误操作丢失，那么怎样快速完成替换工作呢？

一、导入素材

在项目创建完成后，可以将项目需要的素材导入项目面板进行管理。编辑视频所需的所有素材应事先存储于项目面板内。

在 Premiere 中，可以右击项目面板的空白处，在弹出的快捷菜单中选择"导入"命令（或者直接双击项目面板的空白处），弹出"导入"对话框，用于导入所需素材；也可以在"媒体浏览器"面板中浏览并导入所需素材；还可以在菜单栏中选择"文件"→"导入"命令，弹出"导入"对话框，用于导入所需素材。

导入项目的素材必须事先存储于磁盘中。

1. 导入图片素材

（1）在项目面板的空白处右击，在弹出的快捷菜单中选择"导入"命令，或者直接双击项目面板的空白处，弹出"导入"对话框。

（2）切换到图片路径，选择所需图片素材。

当选择图片素材时，按住 **Ctrl** 键，可以选中不连续的多个图片素材；按住 **Shift** 键，可以选中连续的多个图片素材。

(3)单击"打开"按钮,即可将选中的图片素材导入项目面板,如图2-3所示。

项目面板默认使用列表视图显示素材的名称、入点和出点等信息。单击项目面板底部的"图标视图"按钮■,可以设置为使用图标视图显示素材的名称、入点和出点等信息,如图2-4所示。

图2-3 将选中的图片素材导入项目面板　　图2-4 使用图标视图显示素材信息

(4)在项目面板中双击图片素材,即可在源监视器面板中预览图片素材的效果,如图2-5所示。

图2-5 预览图片素材的效果

实例——导入图像序列

在Premiere中,除了可以导入静止的独立图像,还可以导入图像序列。导入的图像序列不会显示为一张一张的图片,会显示为一段视频。

(1)新建一个名为"图像序列"的项目,在项目面板的空白处双击,弹出"导入"对话框。

(2)切换到图像序列的存储路径,勾选图像文件列表底部的"图像序列"复选框,如图2-6所示。

(3)单击"打开"按钮,关闭"导入"对话框,即可将图像序列导入项目面板。导入的图像序列以序列中第1张图片的名称命名,并且在右下角显示序列的时长,如图2-7所示。

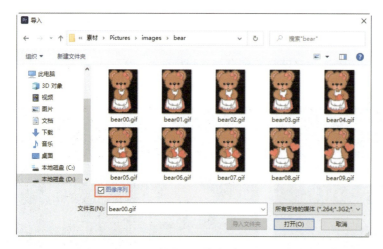

图 2-6 勾选"图像序列"复选框　　　图 2-7 导入的图像序列

（4）在图像序列的图标上移动鼠标指针，可以预览图像序列的播放效果，如图 2-8 所示。

（5）在项目面板中双击图像序列，可以在源监视器面板中显示图像序列。单击源监视器面板中的"播放-停止切换"按钮▶，也可以预览图像序列的播放效果，如图 2-9 所示。

图 2-8 预览图像序列的播放效果　　　图 2-9 在源监视器面板中预览图像序列的播放效果

2．导入视频素材

在创建数字视频作品时，视频素材是常用的素材。导入视频素材的操作方法与导入图片素材的操作方法相同。

实例——导入视频素材

本实例使用"媒体浏览器"面板查看视频内容并导入视频素材。

（1）切换到"媒体浏览器"面板，单击存储视频素材的文件夹，即可在"媒体浏览器"面板的右侧以缩略图的方式显示当前路径下的所有可用视频素材，如图 2-10 所示。在视频缩略图上移动鼠标指针，可以预览视频素材。

如果双击视频缩略图，则可以在源监视器面板中预览视频素材。

> **提示**
>
> 虽然Premiere的功能强大，但并不支持所有的视频格式，如果不支持当前视频格式，则不会显示对应的视频缩略图。可以使用视频格式转换工具将视频素材的格式转换为AVI、WAV、MP4等Premiere支持的格式。如果在导入文件时提示错误信息或视频不能正确显示，则可能因为计算机中缺少支持该视频格式的编解码器。
>
> 如何查看Premiere支持的视频格式？一个简单的方法是打开"导入"对话框，在"所有支持的媒体"下拉列表中查看支持的音频和视频格式。

（2）右击要导入的视频素材，在弹出的快捷菜单中选择"导入"命令，如图 2-11 所示。

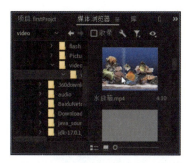

图 2-10 "媒体浏览器"面板

图 2-11 选择"导入"命令

（3）在导入视频素材后，自动切换到项目面板，显示导入的视频素材。在图标视图中，在视频素材的图标上移动鼠标指针，可以预览视频素材的播放效果，如图 2-12 所示。

与其他媒体素材相同，双击视频素材，可以在源监视器面板中预览视频素材的播放效果。本实例换一种方式，在项目面板的预览区域预览视频素材播放效果。

（4）单击项目面板标题栏右侧的选项按钮 ，在弹出的下拉菜单中选择"预览区域"命令，如图 2-13 所示。

图 2-12 预览视频素材的播放效果

图 2-13 选择"预览区域"命令

（5）此时，项目面板分为上、下两个区域，上面的区域为预览区域，下面的区域为素材区域，如图 2-14 所示。

（6）在素材区域中选择要预览的视频素材，然后在预览区域中单击"播放-停止切换"按钮 ，即可预览视频素材的播放效果，如图 2-15 所示。

图 2-14　显示预览区域　　图 2-15　在项目面板的预览区域中预览视频素材的播放效果

3. 导入音频素材

一切与声音有关的声波都属于音频。作为一款优秀的视频编辑软件，Premiere 对音频的处理自然也毫不逊色，它可以使用丰富的音频效果模拟各种不同音质的声音。

在菜单栏中选择"文件"→"导入"命令，弹出"导入"对话框。切换到音频素材的存储路径，选择所需的音频素材，单击"打开"按钮，即可将音频素材导入项目面板。在图标视图中，导入的音频素材如图 2-16 所示。

双击项目面板中的音频素材，可以在源监视器面板中试听音频。在项目面板的预览区域中单击"播放-停止切换"按钮，也可以试听音频，如图 2-17 所示。

图 2-16　导入的音频素材　　　　　图 2-17　试听音频

在项目面板的预览区域中，可以看到音频的时长和采样率。在数字声音中，数字波形的频率由采样率决定。采样率越高，声音可以再现的频率范围越广。如果要再现指定频率的声音，那么通常使用双倍于指定频率的采样率对声音进行采样。

> 提示
>
> 在编辑视频时，应估算音频文件的大小，以免输出的视频作品太大，影响视频播放效果。可以使用位深乘采样率，从而估算音频文件的大小。

二、素材归类

在大型的影视作品中，素材数量比较庞杂。使用素材箱可以将同一类别或同一场景中的素材放在一起，对素材进行分类管理。创建素材箱的方法有多种，下面简要介绍几种常用的方法。

1. 新建素材箱

（1）在项目面板中导入要整理的素材。

（2）单击项目面板右下角的"新建素材箱"按钮，会在项目面板中显示新建的素材箱，并且其名称处于可编辑状态，输入素材箱的名称，如图 2-18 所示。在名称输入完成后，按 Enter 键确认。

（3）按住 Shift 键或 Ctrl 键选中要放入素材箱的素材，按住鼠标左键并拖动鼠标，将选中的素材拖动到素材箱上，当鼠标指针显示为 时，释放鼠标左键，即可将指定的素材移动到素材箱中。移动的素材向右缩进，表明层级关系，如图 2-19 所示。

图 2-18　重命名素材箱

图 2-19　素材箱中的素材向右缩进

2. 通过选择项新建素材箱

（1）按住 Shift 键或 Ctrl 键选中要放入素材箱的素材并右击，在弹出的快捷菜单中选择"通过选择项新建素材箱"命令，如图 2-20 所示。

（2）项目面板中会自动新建一个名称为"素材箱"的素材箱，并且该素材箱中包含选中的素材，如图 2-21 所示。

图 2-20　选择"通过选择项新建素材箱"命令

图 2-21　通过选择项新建素材箱

（3）输入素材箱的名称，在输入完成后，按 Enter 键确认。也可以在素材箱上右击，在弹出的快捷菜单中选择"重命名"命令，修改素材箱的名称。

3. 导入素材文件夹并自动创建同名素材箱

如果要导入的素材在同一个文件夹中，则可以导入该文件夹，Premiere 将自动创建一个与该文件夹同名的素材箱。

（1）在"媒体浏览器"面板中，选中要导入的素材文件夹并右击，在弹出的快捷菜单中选择"导入"命令，如图 2-22 所示。

（2）Premiere 会自动切换到项目面板，并且自动创建一个与导入的文件夹同名的素材箱，该素材箱包含素材文件夹中的所有素材，如图 2-23 所示。

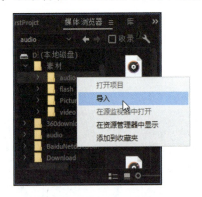

图 2-22　导入素材文件夹

图 2-23　自动创建的素材箱

4．创建搜索素材箱

Premiere 支持在当前项目面板中通过查询关键字查找素材，并且创建包含所有查询结果的素材箱。

（1）在项目面板顶部的搜索框中输入要查询的关键字。例如，如果要在项目面板中查找名称中包含"gx"的素材，则输入"gx"，如图 2-24 所示。

（2）单击搜索框右侧的"从查询创建新的搜索素材箱"按钮，即可在项目面板中创建一个以搜索关键字 gx 命名的素材箱，其中包含所有名称中包含指定关键字 gx 的素材，如图 2-25 所示。

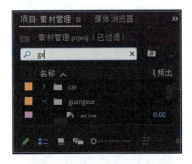

图 2-24　输入要查询的关键字

图 2-25　创建的搜索素材箱

三、替换素材

在创建作品的过程中，有时会遇到这样的情况：已经编辑好了某个素材的效果，但是出于某种原因需要更换该素材。删除该素材，然后重新导入新素材、设置参数、添加效果，不仅费时费力，效果也不一定能完美如初。而使用"替换素材"功能可以使这个问题迎刃而解。

在项目面板中右击要替换的素材,在弹出的快捷菜单中选择"替换素材"命令,即可弹出一个对话框,用于选择替换素材。

实例——更换画面背景

本实例使用"替换素材"命令更换视频画面的背景。

(1)打开要更换素材的项目"非洲草原_1.prproj",原始画面如图2-26所示。该画面由草原背景和大象两幅图像合成。

(2)在项目面板中右击背景图像"草原2.jpg",在弹出的快捷菜单中选择"替换素材"命令,如图2-27所示。

图2-26 原始画面

图2-27 选择"替换素材"命令

(3)在弹出的对话框中选择需要的背景图像"草原.jpg",如图2-28所示。单击"选择"按钮,关闭该对话框。此时,在项目面板中可以看到素材已更换,在节目监视器面板中可以看到更换背景后的画面,如图2-29所示。

图2-28 选择背景图像

图2-29 更换背景后的画面

四、链接脱机文件

出于更换了素材的位置、修改了素材的名称、误删了素材文件等原因,项目文件中出现了显示为脱机占位符的丢失文件,这些文件就是脱机文件。

脱机文件在项目面板中的媒体显示类型为问号，在节目监视器面板中显示为脱机媒体文件，如图 2-30 所示。

图 2-30　脱机文件的显示效果

 提示

脱机文件是没有实际内容的占位符，在输出时应替换或链接素材。

脱机文件可以记录丢失的源素材信息。在项目面板中右击脱机文件，在弹出的快捷菜单中选择"链接媒体"命令，弹出"链接媒体"对话框，在该对话框中可以查看脱机文件的名称和之前链接的素材路径，如图 2-31 所示。

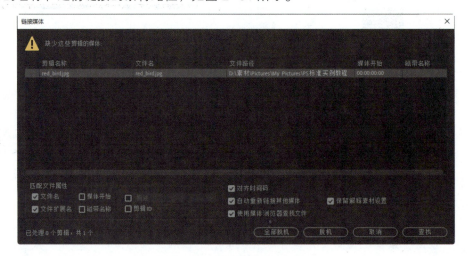

图 2-31　"链接媒体"对话框

单击"链接媒体"对话框右下角的"查找"按钮,在弹出的"查找文件"对话框中选择要替换脱机文件的素材,如图 2-32 所示。单击"确定"按钮,关闭该对话框。

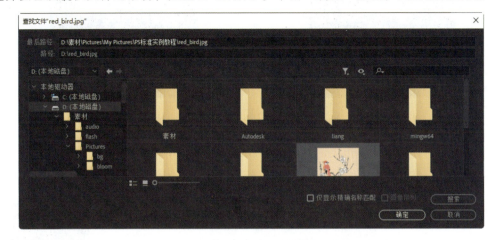

图 2-32　选择链接素材

此时,在项目面板和节目监视器面板中可以看到链接素材后的效果,如图 2-33 所示。

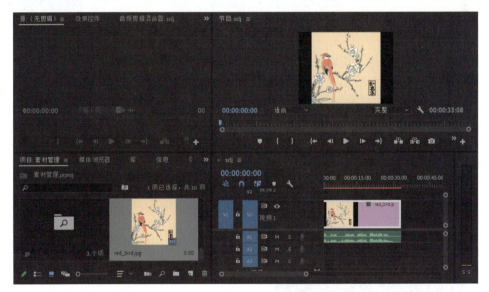

图 2-33　链接素材后的效果

五、设置素材播放速度

使用 Premiere 可以根据创作需要设置素材的播放速度。

在项目面板中选中要设置播放速度的素材,在菜单栏中选择"剪辑"→"速度/持续时间"命令,弹出"剪辑速度/持续时间"对话框,如图 2-34 所示。如果选中的是视频或音频素材,则会显示图 2-34(a)展示的对话框,在该对话框中可以修改素材的播放速度。在修改素材的播放速度后,其持续时间也随之改变。如果选中的是图片素材,则显示图 2-34(b)展示的对话框,在该对话框中只可以修改素材的持续时间。

（a） （b）

图 2-34 "剪辑速度/持续时间"对话框

六、创建背景元素

Premiere 自带一些常见的背景元素，如彩条、黑场视频、颜色遮罩、通用倒计时片头、透明视频等，用户在编辑视频时可以直接使用。单击项目面板底部的"新建项"按钮 ，在弹出的下拉菜单中可以看到这些背景元素，如图 2-35 所示。

在"文件"→"新建"子菜单中也可以看到这些背景元素。

图 2-35 "新建项"下拉菜单

1. 创建彩条

Premiere 中的彩条是指包含色条和色调的 5 秒钟剪辑，通常放在视频片头，作为视频和音频设备的校准参考。

（1）在"新建项"下拉菜单中选择"彩条"命令，弹出"新建色条和色调"对话框，如图 2-36 所示。

（2）根据要使用的彩条序列，设置匹配视频的宽度、高度、时基、像素长宽比和音频采样率。

（3）单击"确定"按钮，关闭该对话框，即可在项目面板中看到创建的彩条，如图 2-37 所示。

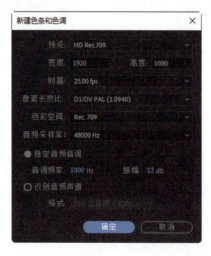 

图 2-36 "新建色条和色调"对话框　　图 2-37 创建的彩条

2. 创建黑场视频

黑场视频在轨道中显示为黑色，持续时间默认为 5 秒，通常放在视频片头，或者在两个素材中间起转场效果。

（1）在"新建项"下拉菜单中选择"黑场视频"命令，弹出"新建黑场视频"对话框，如图 2-38 所示。

（2）根据要使用的黑场视频序列，设置匹配视频的宽度、高度、时基和像素长宽比。

（3）单击"确定"按钮，关闭该对话框，即可在项目面板中看到创建的黑场视频，如图 2-39 所示。

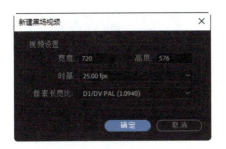
图 2-38 "新建黑场视频"对话框

图 2-39 创建的黑场视频

 提示

在"首选项"对话框的"时间轴"窗格中，通过设置"静止图像默认持续时间"选项，可以更改黑场视频的默认持续时间。

3. 创建颜色遮罩

Premiere 中的颜色遮罩是一个覆盖整个视频帧的纯色遮罩，可以很方便地修改颜色，通常用作背景或临时轨道占位符。

（1）在"新建项"下拉菜单中选择"颜色遮罩"命令，弹出"新建颜色遮罩"对话框，如图 2-40 所示。

（2）根据要使用的颜色遮罩序列，设置匹配视频的宽度、高度、时基和像素长宽比。

（3）单击"确定"按钮，弹出"拾色器"对话框，选择遮罩颜色，该对话框右上角会显示选择的颜色样本，如图 2-41 所示。

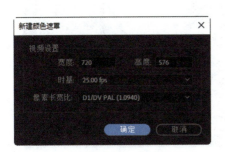
图 2-40 "新建颜色遮罩"对话框

图 2-41 "拾色器"对话框

提示

如果在"拾色器"对话框中选择遮罩颜色后,在颜色样本右下角显示一个感叹号图标,则表示该颜色不能在 NTSC 视频中正确重现。单击感叹号图标,Premiere 会自动选择与所选颜色最接近的颜色作为遮罩颜色。

(4)单击"确定"按钮,在弹出的"选择名称"对话框中输入颜色遮罩的名称,如图 2-42 所示。

(5)单击"确定"按钮,即可在项目面板中看到创建的颜色遮罩,如图 2-43 所示。

图 2-42 "选择名称"对话框

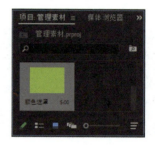

图 2-43 创建的颜色遮罩

4. 创建通用倒计时片头

Premiere 预设的倒计时片头的默认持续时间为 11 秒,通常放在视频片头,用于帮助视频制作人员确认视频和音频是否正常且同步。

(1)在"新建项"下拉菜单中选择"通用倒计时片头"命令,弹出"新建通用倒计时片头"对话框,如图 2-44 所示。

(2)根据要使用的通用倒计时片头序列,设置匹配视频的宽度、高度、时基、像素长宽比和音频采样率。

(3)单击"确定"按钮,弹出"通用倒计时设置"对话框,如图 2-45 所示,分别设置视频和音频的相关参数。其中,"出点时提示音"是指在片头的最后一帧中显示提示圈;"倒数 2 秒提示音"是指在两秒标记处播放嘟嘟声。

图 2-44 "新建通用倒计时片头"对话框

图 2-45 "通用倒计时设置"对话框

（4）单击"确定"按钮，即可在项目面板中看到创建的通用倒计时片头，如图 2-46 所示。

（5）将通用倒计时片头拖动到源监视器面板中，可以预览通用倒计时片头的效果。

在项目面板中双击通用倒计时片头，弹出"通用倒计时设置"对话框，用于对通用倒计时片头进行修改、剪辑。

5. 创建透明视频

透明视频又称为遮罩清除，是类似于彩条、黑场视频和颜色遮罩的一种合成剪辑，可以在应用效果时保留透明度。

图 2-46　创建的通用倒计时片头

（1）在"新建项"下拉菜单中选择"透明视频"命令，弹出"新建透明视频"对话框，如图 2-47 所示。

（2）根据要使用的透明视频序列，设置匹配视频的宽度、高度、时基和像素长宽比。

（3）单击"确定"按钮，即可在项目面板中看到创建的透明视频，如图 2-48 所示。

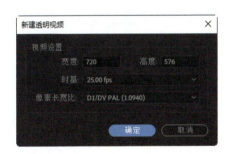

图 2-47　"新建透明视频"对话框　　　图 2-48　创建的透明视频

如果要使用透明视频，那么首先将透明视频拖动到序列的最高轨道中，然后根据需要对其进行拉伸，最后应用某种效果。

> **提示**
>
> 只能对透明视频应用操作 Alpha 通道的效果，以及一些第 3 方镜头光晕和涉及 Alpha 通道的效果。

七、清理无用素材

在项目制作过程中，可能会导入一些没有用的素材。及时清除这些素材可以有效降低素材管理的复杂度。

在 Premiere 中，清除素材的常用方法有以下几种。

- 在项目面板中选中要清除的素材，然后按 Delete 键。
- 在素材上右击，在弹出的快捷菜单中选择"清除"命令。
- 选中素材，然后单击项目面板右下角的"清除"按钮。

- 如果要清除项目中未使用的所有素材，则可以在菜单栏中选择"编辑"→"移除未使用资源"命令。

项目总结

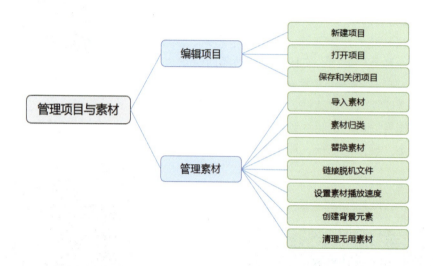

项目实战

实战 1：导入 PSD 图像

Premiere Pro 2022 支持导入 PSD 格式的分层素材，但是 PSD 图像的导入过程与普通图片的导入过程略有不同。本实战主要介绍导入 PSD 图像的操作方法。

（1）在项目面板的空白处双击，弹出"导入"对话框，切换到 PSD 图像的存储路径，选择所需的 PSD 图像。

（2）单击"打开"按钮，弹出"导入分层文件"对话框，可以看到 PSD 图像中各个图层中的内容。在"导入为"下拉列表中选择导入 PSD 图像的方式，本实战选择的导入方式为"合并所有图层"，如图 2-49 所示。

（3）单击"确定"按钮，即可将 PSD 图像以合并图层后的效果导入项目面板，如图 2-50 所示。

（4）重复步骤（1）中的操作方法，打开 PSD 图像，在弹出的"导入分层文件"对话框中，选择"各个图层"导入方式。默认勾选所有图层左侧的复选框，取消勾选不需要导入的图层左侧的复选框，如图 2-51 所示。

（5）单击"确定"按钮，在项目面板中自动新建一个与 PSD 图像同名的素材箱，并且将勾选的图层素材存储于其中，如图 2-52 所示。

项目 2　管理项目与素材

图 2-49　选择导入方式

图 2-50　导入合并图层后的 PSD 图像

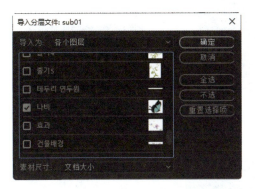

图 2-51　取消勾选不需要导入的图层左侧的复选框

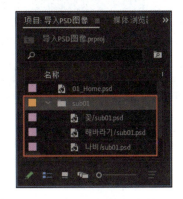

图 2-52　导入图层素材

（6）双击素材箱，打开素材箱面板，即可查看导入的图层素材。

实战 2：黄昏

本实战会利用颜色遮罩创建黄昏时分的风景效果。

（1）新建一个名为"黄昏"的项目，在项目面板中导入一个风景素材，如图 2-53 所示。将导入的素材拖动到时间轴面板中，Premiere 会自动创建一个序列。

（2）单击项目面板底部的"新建项"按钮，在弹出的下拉菜单中选择"颜色遮罩"命令，弹出"新建颜色遮罩"对话框，根据需要设置匹配视频的宽度、高度、时基和像素长宽比，本实战采用默认参数设置，如图 2-54 所示。

图 2-53　导入的素材

图 2-54　"新建颜色遮罩"对话框

（3）单击"确定"按钮，弹出"拾色器"对话框，使用吸管工具 在调色板中选择浅黄色作为遮罩颜色，如图 2-55 所示。

（4）单击"确定"按钮，弹出"选择名称"对话框，输入颜色遮罩的名称，如图 2-56 所示。

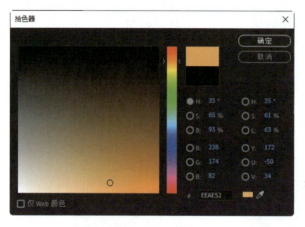

图 2-55 "拾取器"对话框

图 2-56 "选择名称"对话框

（5）单击"确定"按钮，即可在项目面板中看到创建的颜色遮罩，如图 2-57 所示。

图 2-57 创建的颜色遮罩

（6）将创建的颜色遮罩拖动到视频轨道 V2 中，然后打开"效果控件"面板，设置颜色遮罩与背景素材的混合模式，如图 2-58 所示。此时，在节目监视器面板中可以看到最终画面效果，如图 2-59 所示。

图 2-58 设置颜色遮罩与背景素材的混合模式

图 2-59 最终画面效果

项目 3

时间轴与序列

思政目标

➢ 善于发掘、运用生活中的美，具有表现美及创造美的能力。
➢ 勤于思考，注重动手实践，培养使用 Premiere 创作视频和解决问题的能力。

技能目标

➢ 能够根据实际需求创建序列并装配序列。
➢ 能够在序列中对素材进行常用的编辑操作。

项目导读

使用 Premiere 编辑视频就是在序列中组接各类素材的过程，对序列的各种操作是在时间轴面板中完成的。本项目主要介绍创建序列、在时间轴面板中装配序列，以及在序列中编辑素材的常用操作方法。

任务 1 设置序列

任务引入

李想顺利地将素材导入了项目面板，并且对其进行了分类，兴致勃勃地准备组接素材，却发现无从下手。素材该放在哪里进行组接呢？经朋友指点，李想才知道要在时间轴面板中创建序列，然后在序列中组接素材。那么，时间轴面板的各个组成部分都有什么作用呢？怎样创建序列呢？如果后期作品需求发生改变，那么应该怎样修改序列呢？

知识准备

一、认识时间轴面板

时间轴面板主要用于以轨道的方式编辑素材、组接音频和视频。素材片段按照播放时间的先后顺序及合成的先后层顺序，在时间轴面板中按照从左到右、从上到下的顺序排列在各自的轨道中，可以使用各种编辑工具对这些素材进行编辑操作。

时间轴面板分为上、下两个区域，上方区域为时间显示区，如图 3-1 所示。时间标尺由帧标记和时间标记组成。Premiere 默认以帧的形式显示时间间隔，时间标尺上的垂直线为帧标记，数字为时间标记。播放指示器是时间标尺上的蓝色图标。拖动播放指示器，视频会根据拖动方向向前或向后播放。

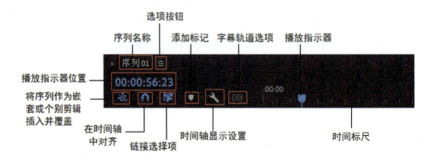

图 3-1 时间显示区

时间轴面板的下方区域为轨道区，如图 3-2 所示。视频轨道主要用于编辑静帧图像、序列和视频等素材；音频轨道主要用于编辑音频素材。单击轨道左侧的功能按钮，可以对指定的轨道进行相应的操作，如锁定轨道、限制在修剪期间的轨道转移、隐藏轨道中的素材、录制画外音等。

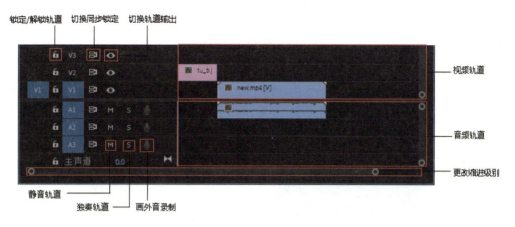

图 3-2　轨道区

二、创建序列

创建序列有两种常用的方式。第 1 种方式是在菜单栏中选择"文件"→"新建"→"序列"命令，在时间轴面板中新建一个空白序列，可以自定义序列名称和参数。第 2 种方式是将项目面板中的素材文件拖动到时间轴面板中，Premiere 会自动创建一个与素材文件名称相同的序列。下面介绍第 1 种方式的操作方法，第 2 种方式将以实例的形式进行介绍。

（1）在菜单栏中选择"文件"→"新建"→"序列"命令，弹出"新建序列"对话框，如图 3-3 所示。

图 3-3　"新建序列"对话框

（2）在"新建序列"对话框左下角的"序列名称"文本框中输入序列的名称。

（3）在"序列预设"选项卡的"可用预设"列表框中选择序列预设，在"预设描述"选区中会显示相应的说明、编辑模式、视频设置、音频设置和色彩空间等默认参数，如图3-4所示。

图3-4　选择序列预设

32kHz和48kHz是数字音频领域常用的两个采样率。采样率越高，采样的间隔时间越短，在单位时间内计算机得到的声音样本数据越多，对声音波形的表示越精确。如果DV（数字视频）项目中的视频不准备应用纵横比为16∶9的宽银幕格式，则可以在"可用预设"列表框中选择"DV-PAL"→"标准48kHz"选项，该序列预设主要用于匹配素材源视频的声音品质。

宽屏幕的纵横比为16∶9，这种纵横比主要应用于计算机的液晶显示器和宽屏幕电视机；标准屏幕的纵横比为4∶3，这种纵横比主要应用于早期的显像管电视机。随着高清晰电视机越来越多地采用宽屏幕，16∶9的纵横比也在剪辑中更多地被采用。如果素材的纵横比为4∶3，而在剪辑时采用16∶9的预设纵横比，那么画面中的物体会被拉宽，造成图像失真。

（4）切换到"设置"选项卡，可以修改序列预设参数；切换到"轨道"选项卡，可以设置视频和音频的轨道数；切换到"VR视频"选项卡，可以设置VR的投影方式、布局、捕捉的视图等。

注意

项目一旦建立，有的设置就无法更改了。

（5）单击"确定"按钮，即可在时间轴面板中看到新建的序列，如图3-5所示。在项目面板中也可以看到新建的序列，如图3-6所示。

图3-5　在时间轴面板中看到新建的序列　　　　图3-6　在项目面板中看到新建的序列

实例——从剪辑新建序列

在Premiere中，不仅可以使用菜单命令创建空白序列，还可以利用现有的媒体素材创建序列。

本实例在不新建序列的情况下，利用菜单命令或使用拖动的方式将素材文件添加到时间轴面板中，从而自动生成与素材文件名称相同的序列。

（1）新建一个名为"序列"的项目，在项目面板中导入一个视频素材yuhou.mp4。

（2）右击导入的视频素材，在弹出的快捷菜单中选择"从剪辑新建序列"命令，或者直接将导入的视频素材拖动到时间轴面板中，即可在时间轴面板中新建一个与导入的视频素材名称相同的序列，并且将导入的视频素材添加到序列中，如图3-7所示。

在项目面板中显示新建的序列，如图3-8所示。

图3-7　从剪辑新建序列　　　　图3-8　在项目面板中显示新建的序列

素材默认从时间标尺的起始位置插入，并且自动与播放指示器对齐。如果要在指定时间位置添加素材，则应该先将播放指示器拖动到添加素材的入点。

提示

如果素材入点不自动与播放指示器对齐，那么在时间标尺的左侧区域单击"在时间轴中对齐"按钮，使其处于被选中状态。

如果要关闭序列，那么在时间轴面板中单击序列名称左侧的"关闭"按钮■即可。如果要打开关闭的序列，那么在项目面板中双击序列即可。

三、修改序列参数

如果要修改序列的参数，则可以在项目面板中的序列上右击，在弹出的快捷菜单中选择"序列设置"命令，弹出"序列设置"对话框，如图3-9所示。

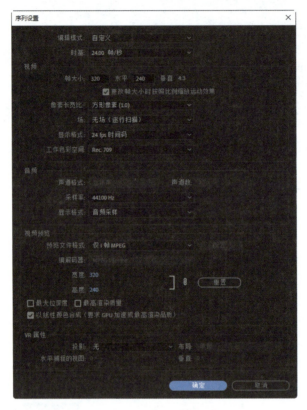

图 3-9 "序列设置"对话框

下面简要介绍"序列设置"对话框中几个常用的参数。

- 编辑模式：主要用于设置时间轴的播放方式和压缩方式，该下拉列表中的选项由创建序列时"序列预设"选项卡中选定的序列预设决定。在序列预设中，DV 分类有 3 种，分别是 DV-24P、DV-NTSC 和 DV-PAL，不同的分类代表不同的制式。DV-24P 序列预设主要用于以每秒 24 帧的速度拍摄画幅大小为 720 像素 × 480 像素的逐行扫描视频。
- 时基：时间基准，决定 Premiere 如何划分每秒的视频帧。DV 项目的时基不能更改，大部分项目的时基应匹配所采集视频的帧频。
- 帧大小：画幅大小，即项目的画面大小，表示以像素为单位的宽度和高度。DV 预设不能更改项目的画面大小。
- 像素长宽比：又称为像素纵横比，是图像中一个像素的宽度与高度的比值，应匹配图像像素的形状。编辑模式不同，"像素长宽比"下拉列表中的选项也会有所不同。
- 采样率：决定音频品质（音质），采样率越高，音质越好。因此，最好将该参数的值设置为录制时的值。

在设置完成后，单击"确定"按钮，关闭"序列设置"对话框。

实例——自定义序列预设

在创建序列时，如果希望设置的参数能够应用于以后创建的序列，则可以保存自定义的序列预设。本实例通过自定义序列预设并保存，演示自定义序列预设的操作方法。

（1）在项目面板的空白处右击，在弹出的快捷菜单中选择"新建项目"→"序列"命令，弹出"新建序列"对话框。

（2）在"序列预设"选项卡的"可用预设"列表框中选择"DV-PAL"→"标准 48kHz"选项。

（3）切换到"设置"选项卡，在"编辑模式"下拉列表中选择"自定义"选项，在"时基"下拉列表中选择"25.00 帧/秒"选项，并且将"帧大小"设置为 720 像素×480 像素，如图 3-10 所示。

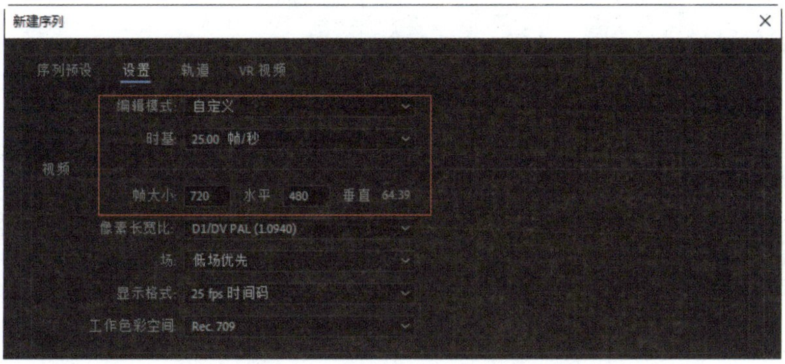

图 3-10 "设置"选项卡中的参数设置

（4）切换到"轨道"选项卡，在"视频"选区中设置视频的轨道数为 4，然后单击"添加轨道"按钮，添加一个音频轨道，如图 3-11 所示。

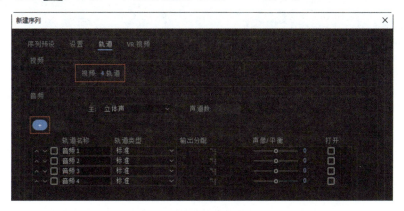

图 3-11 "轨道"选项卡中的参数设置

（5）单击"新建序列"对话框左下角的"保存预设"按钮，弹出"保存序列预设"对话框，在"名称"文本框中输入序列预设名称"DV_style"，建议在"描述"文本域中输入预设描述，如图 3-12 所示。

（6）单击"确定"按钮，关闭该对话框，自动返回"新建序列"对话框的"序列预设"选项卡，即可在"可用序列"列表框中的"自定义"节点下显示自定义的序列预设，如图3-13所示。

图3-12 "保存序列预设"对话框　　　　图3-13 显示自定义的序列预设

（7）单击"确定"按钮，关闭"新建序列"对话框。

任务2　装配序列

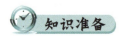

李想根据视频作品的播放终端、画幅大小、播放帧频等信息创建了序列，现在要按照时间顺序编排素材。在添加素材时，李想遇到了不少麻烦：素材尺寸大小不一，导致部分视频画面出现黑边；在插入素材时，部分素材之间出现间隙；有的素材需要调整排列顺序；等等。

他径直去了图书馆查找相关资料，迫切地想知道在组接素材时，有没有调整素材编排顺序的快捷方法？怎样快速清除素材之间的空隙？如果需要改变部分素材，甚至序列的起始点位置，那么该如何操作呢？

知识准备

将项目面板中的素材按顺序分配到时间轴面板中的操作称为装配序列。

一、在序列中添加素材

在序列中添加素材的方法有多种，下面简要介绍几种常用的方法。

1. 使用拖动的方式在序列中添加素材

在项目面板中选中要添加的素材，将其拖动到时间轴面板的轨道中即可。例如，在序列中添加音频素材，如图3-14所示。

图3-14 在序列中添加音频素材

2. 使用"插入"命令在序列中添加素材

对于图片和视频素材，在项目面板中选中素材并右击，在弹出的快捷菜单中选择"插入"命令，即可将选中的素材添加到序列中，并且将其插入播放指示器的左侧，相应地，插入点所在位置的视频会向右移动，如图3-15所示。

图3-15 将图片和视频素材添加到序列中

3. 使用"覆盖"命令在序列中覆盖素材

对于图片和视频素材，在项目面板中选中素材并右击，在弹出的快捷菜单中选择"覆盖"命令，即可将选中的素材添加到序列中，并且覆盖播放指示器右侧的素材，如图3-16所示。

图3-16 在序列中覆盖素材

提示

如果音频素材或视频素材与序列设置不匹配，那么在序列中添加素材时，会弹出"剪辑不匹配警告"对话框。对于这种情况，单击"保持现有设置"按钮即可。

4．通过复制、粘贴操作在序列中添加素材

通过复制、粘贴操作也可以很方便地在序列中添加素材。

● **实例——自动匹配序列**

Premiere 提供了序列自动化功能，可以将项目面板中被选中的多个素材自动添加到时间轴面板的轨道中，并且在素材之间添加默认的过渡效果。

（1）在"序列.prproj"项目中新建一个名为"flowers"的序列。

（2）在项目面板的空白处双击，弹出"导入"对话框，按住 Ctrl 键，选中要导入的多个图片素材，然后单击"打开"按钮，导入选中的素材。

（3）在项目面板中按住 Shift 键选中要自动匹配序列的素材，如图 3-17 所示。

（4）在菜单栏中选择"剪辑"→"自动匹配序列"命令，弹出"序列自动化"对话框，如图 3-18 所示。

图 3-17 选中要自动匹配序列的素材　　　　图 3-18 "序列自动化"对话框

下面简要介绍"序列自动化"对话框中的参数。

- 顺序：设置选中的素材是按照素材在项目面板中的顺序进行排序的，还是按照选择顺序进行排序的。

 提示

如果希望素材按照指定的顺序添加到序列中，则应该先在项目面板中按照指定的顺序排列素材或选择素材。

- 放置：设置将素材添加到序列中的排序方法。
- 方法：设置将素材添加到序列中的方法，可以是插入，也可以是覆盖。
- 剪辑重叠：设置默认过渡效果的时间或帧数。
- 静止剪辑持续时间：设置静止素材的时长。
- 过渡：设置是否在素材之间应用默认的音频过渡效果、视频过渡效果。
- 忽略选项：设置在将素材自动添加到时间轴面板的轨道中时，是否忽略素材的音频或视频部分。

（5）在"方法"下拉列表中选择"插入编辑"选项，其他参数采用默认设置，然后单击"确定"按钮，关闭"自动化序列"对话框，即可在时间轴面板中看到自动匹配序列后的效果，如图3-19所示。素材按照选择顺序进行排序，相邻素材之间自动添加了默认的视频过渡效果。

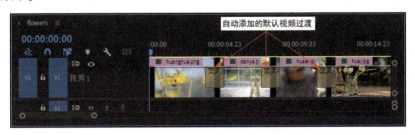

图 3-19　自动匹配序列后的效果

（6）按住 Shift 键，选中序列中的所有素材并右击，在弹出的快捷菜单中选择"缩放为帧大小"命令，调整素材的画面大小。

（7）将播放指示器拖动到时间标尺的第 1 帧，按空格键即可预览序列效果。

二、调整素材的排列顺序

在将素材添加到序列中后，有时会根据设计需要调整素材的排列顺序。调整素材排列顺序的操作很简单，常用的方法是在素材上按住鼠标左键，将其拖动到目标位置。但是这种方法会在被移动的素材的原位置留下空隙，需要移动其他素材的位置进行调整。

下面通过两个实例介绍调整素材排列顺序的两种操作方法，可以在调整素材位置的同时自动闭合素材之间的空隙。

实例——重排素材顺序

在装配序列后，如果移动序列中的一个或一组素材，那么被移动的素材的原位置会留下空隙。使用提取素材的方法移动或移除素材，可以自动闭合素材之间的空隙。

（1）在"序列.prproj"项目中使用默认参数新建一个名称为"四季"的序列。

（2）在项目面板中导入表示四季的 4 个图片素材，并且将其拖动到序列中，如图 3-20 所示。

（3）选中序列中的第 1 个素材（夏.jpg），然后按住 Ctrl 键，将其拖动到第 2 个素材（春.jpg）的出点。释放鼠标左键并松开 Ctrl 键，即可将第 1 个素材提取出来并移动到第 2 个素材后面，原来的第 2 个素材会自动向前移动闭合空隙，显示为第 1 个素材，如图 3-21 所示。

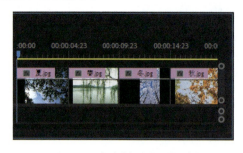

图 3-20　将素材拖动到序列中

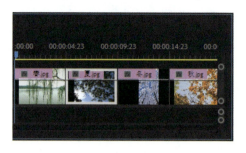

图 3-21　提取素材后的效果（一）

（4）按照步骤（3）中的操作方法，将最后一个素材（秋.jpg）移动到第 3 个素材（冬.jpg）的入点。释放鼠标左键并松开 Ctrl 键，原来的第 3 个素材会自动向后移动闭合空隙，显示为最后一个素材，如图 3-22 所示。

如果按住 Ctrl 键将一个素材拖动到另一个素材的出点与入点之间，如将素材"冬.jpg"拖动到素材"秋.jpg"的中间，那么在释放鼠标左键并松开 Ctrl 键后，可以将目标处的素材"秋.jpg"分割成两部分，将提取的素材"冬.jpg"插入指定位置，并且序列长度保持不变，如图 3-23 所示。

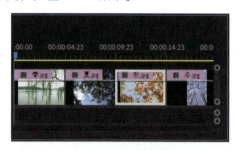

图 3-22　提取素材后的效果（二）

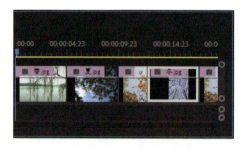

图 3-23　在素材中间插入提取的素材

实例——删除素材之间的空隙

如果删除了序列中的某些素材，那么素材之间会留下空隙，此时可以通过移动素材进行填补。如果序列中的素材和空隙较多，这种操作方法会很烦琐，并且容易误操作，导致修改素材的出点和入点。Premiere 提供了一个简单有效的命令，用于解决这个问题。

（1）在"序列.prproj"项目中使用默认参数新建一个名称为"万物"的序列。

（2）在项目面板中导入 3 个图片素材，并且将其拖动到序列中，如图 3-24 所示。在图 3-24 中，素材之间有空隙。

（3）右击第 1 个素材和第 2 个素材之间的空隙，在弹出的快捷菜单中选择"波纹删除"命令，如图 3-25 所示，即可删除两个素材之间的空隙，效果如图 3-26 所示。

（4）按照步骤（3）中的操作，删除第 2 个素材和第 3 个素材之间的空隙，效果如图 3-27 所示。

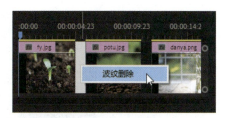

图 3-24　将素材添加到序列中　　　　图 3-25　选择"波纹删除"命令

图 3-26　删除素材之间空隙后的效果（一）　　图 3-27　删除素材之间空隙后的效果（二）

三、设置素材的入点和出点

素材的入点和出点是指素材经过修剪后的开始时间位置和结束时间位置。在剪辑素材时，入点和出点之间的素材被保留，其余部分不显示。

在 Premiere 中，设置素材的入点和出点有两种常用的方法，第 1 种是使用"选择工具"修改素材的入点和出点，第 2 种是将指定时间点标记为入点和出点。下面介绍第 1 种方法的操作步骤，第 2 种方法将以实例的形式进行介绍。

（1）打开项目，在节目监视器面板中单击"转到入点"按钮，将播放指示器拖动到时间标尺的第 1 帧。序列中的素材如图 3-28 所示。

（2）在工具面板中选择"选择工具"，然后将鼠标指针移动到要设置入点的素材（图 3-28 中的音频素材）的起始位置，当鼠标指针显示为向右的边缘图标时，按住鼠标左键并向右拖动，调整素材的入点。在拖动时，素材下方会显示时间码读数。在拖动到合适的时间点后，释放鼠标左键，即可设置音频素材的入点，如图 3-29 所示。

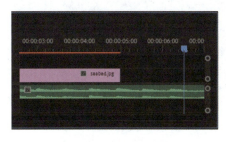
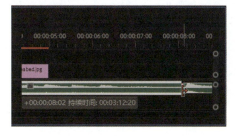

图 3-28　序列中的素材　　　　图 3-29　设置音频素材的入点

（3）单击节目监视器面板中的"转到出点"按钮，将鼠标指针移动到要设置出点的素材（图 3-28 中的音频素材）的结束位置，当鼠标指针显示为向左的边缘图标时，按住鼠标左键并向左拖动到合适的时间点，释放鼠标左键，即可设置音频素材的出点，如图 3-30 所示。

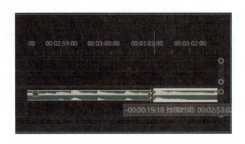

图 3-30 设置音频素材的出点

如果素材的持续时间较长，而要保留的音频时长较短（本实例保留 20 秒），则可以重复以上步骤多次，从而设置音频素材的入点和出点。

实例——标记素材的入点和出点

通过在源监视器面板中标记素材的入点和出点，可以快速对素材进行剪辑。

（1）在"序列.prproj"项目中新建一个名称为"食品安全法"的序列，并且将一个视频素材导入项目面板。

（2）在项目面板中双击导入的视频素材，在源监视器面板中预览该视频素材。拖动播放指示器到要标记为入点的位置，然后单击"标记入点"按钮，如图 3-31 所示，即可标记视频素材的入点。

（3）继续拖动播放指示器到要标记为出点的位置，然后单击"标记出点"按钮，即可标记视频素材的出点，此时，在源监视器面板的时间标尺上可以看到，入点和出点会显示相应的标记符号，如图 3-32 所示。

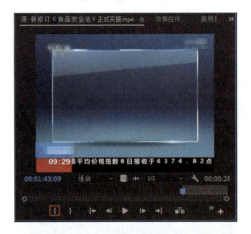

图 3-31 标记视频素材的入点

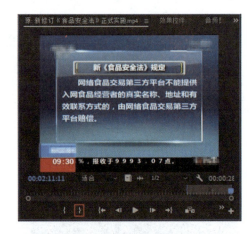

图 3-32 标记视频素材的出点

（4）将标记了入点和出点的视频素材插入序列，可以看到插入的视频素材只包含入点和出点之间的视频部分，入点和出点之外的视频部分不显示。

如果要清除标记的入点和出点，则可以在菜单栏中选择"标记"→"清除入点和出点"命令；或者在源监视器面板中单击"按钮编辑器"按钮，然后在打开的面板中单击"清除入点"按钮或"清除出点"按钮。

四、设置序列的入点和出点

在 Premiere 中，可以设置序列的入点和出点，在渲染输出项目时，只渲染指定范围内的内容，从而提高渲染速度。

（1）在时间轴面板中打开要设置入点和出点的序列。

（2）在节目监视器面板中单击"播放-停止切换"按钮▶，预览到要设置为入点的位置，再次单击该按钮暂停，或者直接在时间轴面板中将播放指示器拖动到要设置为入点的位置，然后单击"标记入点"按钮，即可设置序列的入点，并且在时间轴面板中的指定位置显示入点符号，如图 3-33 所示。

（3）按照步骤（2）中的操作方法，在要设置为出点的位置单击"标记出点"按钮，即可设置序列的出点，并且在时间轴面板中的指定位置显示出点符号，如图 3-34 所示。

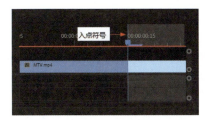 

图 3-33　设置序列的入点　　　　　　图 3-34　设置序列的出点

此时，在时间轴面板中，序列入点左侧和序列出点右侧的素材区域仍被保留，可以在序列入点的左侧或序列出点的右侧插入其他素材进行组接。例如，在视频素材出点的右侧插入图片素材，如图 3-35 所示。

图 3-35　在视频素材出点的右侧插入图片素材

（4）如果要修改设置的序列入点和出点，则可以将鼠标指针移动到入点符号或出点符号上，当鼠标指针显示为 ⇔ 或 ⇔ 时，按住鼠标左键并将其拖动到合适的位置即可。

（5）在设置完成后，按 Enter 键，或者在菜单栏中选择"序列"→"渲染入点到出点的效果"命令，即可在节目监视器面板中预览指定范围内的视频渲染效果。

任务 3 在序列中编辑素材

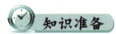

通过学习和多次实践，李想已经能够较熟练地装配序列了。在装配序列的过程中，他时不时会冒出一些新的构思和想法，因此他需要反复地对某些素材进行同样的编辑操作，或者比较使用某个素材前后的效果，或者将播放指示器定位到特定的位置，或者删除素材中的部分片段。

李想停下了反复拖动素材的烦琐操作，他想知道 Premiere 提供的剪辑工具分别有什么功能，能不能将多个要执行相同操作的素材组合在一起，同时完成相同的剪辑工作？能不能避免反复添加、删除素材，就可以预览素材的使用效果？如何快速定位到序列的指定位置？如果要在序列中的不同位置使用同一个素材的不同片段，那么应该如何操作？

知识准备

一、认识编辑工具

在编辑素材文件时，会用到各种绘图工具和编辑工具。在"编辑"工作区布局中，工具面板位于项目面板和时间轴面板之间，如图 3-36 所示。

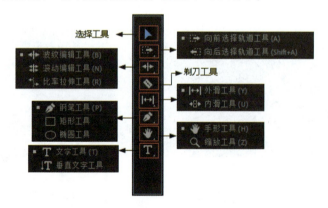

图 3-36 工具面板

"选择工具" 是编辑素材常用的工具，可以选择、移动轨道中的素材，调整素材的关键帧，设置素材的入点和出点。

按快捷键 V 可以启动"选择工具" 。使用"选择工具" 的同时按住 Shift 键，可以在时间轴面板中选中多个素材。

使用"向前选择轨道工具"或"向后选择轨道工具"在某个轨道上单击,可以选中该轨道中鼠标指针位置及箭头方向的所有素材。

"波纹编辑工具"主要用于编辑素材的入点和出点,相邻素材会自动跟进或后退,持续时间不变,但是影响整个序列的持续时间。"滚动编辑工具"主要用于更改素材的入点或出点,相邻素材的入点、出点和持续时间也随之改变,但是整个序列的持续时间不变。"比率拉伸工具"主要用于修改素材的速率,从而改变素材的长度,不影响相邻素材的入点和出点。

"剃刀工具"主要用于分割素材,以便对剪辑后的每一段素材分别进行调整和编辑。

> 提示
>
> 在使用"剃刀工具"时按住 Shift 键,可以同时剪辑多条轨道中的素材。

使用"外滑工具"可以更改两个素材之间的中间素材的入点和出点,并且保持持续时间不变,整个序列的持续时间也不变。与"外滑工具"类似,使用"内滑工具"也可以更改两个素材之间的中间素材的入点和出点。不同的是,当使用"内滑工具"拖动素材时,中间素材的持续时间不变,相邻素材的持续时间发生改变。

图形工具组主要用于绘制图形,包括"钢笔工具"、"矩形工具"和"椭圆工具"。其中,"钢笔工具"主要用于绘制自由形状,"矩形工具"和"椭圆工具"分别用于绘制矩形和椭圆。绘制的图形会在时间轴面板的空轨道中自动生成图形素材。

选择"手形工具",在时间轴面板中的轨道上按住鼠标左键并拖动鼠标,可以调整时间轴面板的可视区域,在编辑较长的素材时会很方便。选择"缩放工具",在轨道中单击,可以缩放时间轴面板中时间单位的显示比例,默认为放大,按住 Alt 键并单击可以缩小。

"文字工具"和"垂直文字工具"分别用于在监视器面板中添加横排文字和竖排文字。

二、素材编组

在制作影视作品时,有时需要同时选择、移动多个素材文件,或者为多个素材文件添加同样的效果。逐个素材进行操作不仅烦琐、费时,还容易有遗漏。此时,可以对素材进行编组,将多个素材锁定在一起,以便进行操作。

(1)打开要进行素材编组的序列,如图 3-37 所示。

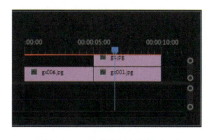

图 3-37 待编组的素材序列

(2)按住 Shift 键或 Ctrl 键,选中要进行编组的素材并右击,在弹出的快捷菜单中选择"编组"命令,如图 3-38 所示,即可将多个素材锁定在一起,形成一个编组。

(3)单击编组中的一个素材,可以同时选中编组中的所有素材。将鼠标指针移动到素材的出点，当鼠标指针显示为向右的边缘图标 时，按住鼠标左键并向右拖动鼠标，即可同时调整编组中所有素材的出点，如图3-39所示。

图3-38　选择"编组"命令

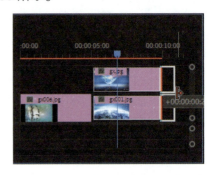

图3-39　同时调整编组中所有素材的出点

三、禁用和启用素材

在默认情况下，导入的素材均处于启用状态。在编辑视频的过程中，如果不确定某个素材是否合适，可以先将该素材装配到序列中，然后通过禁用和启用该素材比较播放效果，无须反复添加、删除素材进行预览。

（1）在序列中选中要禁用的素材并右击，在弹出的快捷菜单中选择"启用"命令，如图3-40所示。在默认情况下，"启用"命令左侧会显示选中标记 。因此，在执行该操作后，"启用"命令左侧不再显示选中标记 ，表示禁用素材。

（2）此时，在时间轴面板中可以看到被禁用的素材标题颜色变暗。在被禁用素材的持续时间内拖动播放指示器，节目监视器面板中不再显示视频画面，如图3-41所示。

图3-40　选择"启用"命令并取消勾选该命令

图3-41　禁用素材后的效果

（3）如果要重新启用素材，那么再次执行步骤（1）中的操作，使"启用"命令左侧重新显示选中标记 即可。

四、添加标记

在编辑素材的过程中，有时需要返回某个特定的时间点或特定帧进行回放或编辑。在这种情况下，可以为素材的特定帧添加标记。标记类似于一个书签，方便用户随时访问。

（1）在项目面板中双击要添加标记的视频素材，将其添加到源监视器面板中。

（2）在源监视器面板中，将播放指示器拖动到要添加标记的位置，然后单击"添加标记"按钮■，即可在时间标尺上方播放指示器的位置显示一个绿色的标记，如图3-42所示。

> **教你一招**
>
> 在标记上双击，可以弹出一个标记对话框，用于设置当前标记的名称和颜色，以便对当前标记进行标识。

（3）重复上一步操作，为视频素材添加其他标记，如图3-43所示。

图3-42 添加标记　　　　　　　　　图3-43 添加其他标记

（4）在源监视器面板的右下角单击"按钮编辑器"按钮■，在打开的面板中将"转到上一标记"按钮■和"转到下一标记"按钮■分别拖动到面板下方的工具栏中，如图3-44所示。

图3-44 在工具栏中添加工具按钮

（5）单击"确定"按钮，关闭该面板。在源监视器面板中单击"转到上一标记"按钮■，即可自动跳转到上一个标记位置；单击"转到下一标记"按钮■，即可自动跳转到下一个标记位置。

如果要清除设置的某个标记，那么在要删除的标记上右击，在弹出的快捷菜单中选择"清除所选的标记"命令即可，如图 3-45 所示。

图 3-45 选择"清除所选的标记"命令

如果要清除素材中的所有标记，那么在图 3-45 中的快捷菜单中选择"清除所有标记"命令即可。

五、提取素材和提升素材

在序列中编辑素材时，如果要删除素材中的某些片段，那么通过提取素材和提升素材可以实现快速剪辑。

提取素材与提升素材都可以删除入点与出点之间的内容。不同的是，在提取素材后，入点与出点之间的内容会被删除，出点右侧的素材会自动跟进到入点；在提升素材后，出点右侧的素材并不跟进，入点与出点之间的区域显示为空白区域。

下面通过一个实例，演示提取素材和提升素材的方法，以及这两种操作之间的区别。

实例——删除指定范围内的内容

（1）在项目面板中导入一个视频素材"yuhou.mp4"，然后将该视频素材添加到序列中，如图 3-46 所示。

（2）将播放指示器拖动到视频素材的合适位置，在节目监视器面板中单击"标记入点"按钮，设置视频素材的入点；再次将播放指示器拖动到合适的位置，单击"标记出点"按钮，设置视频素材的出点，如图 3-47 所示。

图 3-46 将视频素材添加到序列中　　图 3-47 设置视频素材的入点和出点（一）

下面通过提取素材删除指定范围内的素材。

（3）在节目监视器面板中单击"提取"按钮 ，即可在时间轴面板中看到，入点和出点之间的素材被删除，出点右侧的素材自动向前跟进，填补素材之间的空隙，效果如图 3-48 所示。

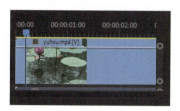

图 3-48　提取素材后的效果

接下来通过提升素材删除指定范围内的素材。

（4）将素材拖动到时间标尺的起始位置，按照步骤（2）中的操作方法设置视频素材的入点和出点，如图 3-49 所示。

（5）在节目监视器面板中单击"提升"按钮 ，即可在时间轴面板中看到，入点和出点之间的素材被删除，其他素材仍然位于原位置，效果如图 3-50 所示。

图 3-49　设置视频素材的入点和出点（二）　　图 3-50　提升素材后的效果

六、制作子素材

在使用 Premiere 编辑素材时，如果要在不同的位置使用某个素材的不同片段，或者在对素材的某个片段进行处理后再使用，则可以制作素材的子素材，从而提高处理效率。

子素材是基于父级素材（称为主素材）的一个较短的或编辑过的版本素材，但是其独立于主素材，可以与主素材同时应用于同一个项目中。在项目面板中删除主素材，子素材不受影响。

（1）在项目面板中导入一个素材。导入的素材默认为主素材，根据不同的素材类型，显示不同的图标。导入不包含音频的视频素材，如图 3-51 所示。

图 3-51　导入不包含音频的视频素材

（2）对主素材进行处理（如应用效果、截取片段），制作子素材。例如，如果要通过截取主素材的片段制作子素材，那么可以在源监视器面板中，将播放指示器拖动到子素材的开始位置，按快捷键I，将其标记为入点；继续拖动播放指示器到子素材的结束位置，按快捷键O，将其标记为出点。

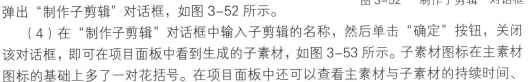

图 3-52 "制作子剪辑"对话框

（3）在菜单栏中选择"剪辑"→"制作子剪辑"命令，弹出"制作子剪辑"对话框，如图 3-52 所示。

（4）在"制作子剪辑"对话框中输入子剪辑的名称，然后单击"确定"按钮，关闭该对话框，即可在项目面板中看到生成的子素材，如图 3-53 所示。子素材图标在主素材图标的基础上多了一对花括号。在项目面板中还可以查看主素材与子素材的持续时间、入点和出点等。

图 3-53 制作的子素材

（5）如果要修改子素材在主素材中的开始时间和结束时间，则可以选中子素材，在菜单栏中选择"剪辑"→"编辑子剪辑"命令，弹出"编辑子剪辑"对话框，在"子剪辑"选区中修改"开始"和"结束"的时间，如图 3-54 所示，单击"确定"按钮，关闭该对话框。此时，在项目面板中可以查看子素材被修改后的持续时间、开始时间和结束时间。

（6）如果要将子素材转换为主素材，则可以在"编辑子剪辑"对话框中勾选"转换到源剪辑"复选框，如图 3-55 所示。

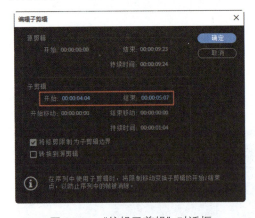

图 3-54 "编辑子剪辑"对话框

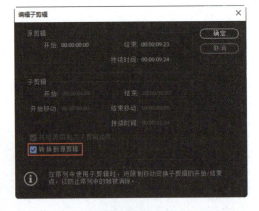

图 3-55 勾选"转换到源剪辑"复选框

在将子素材转换为主素材后，在项目面板中可以看到素材的图标也随之发生了变化。

项目总结

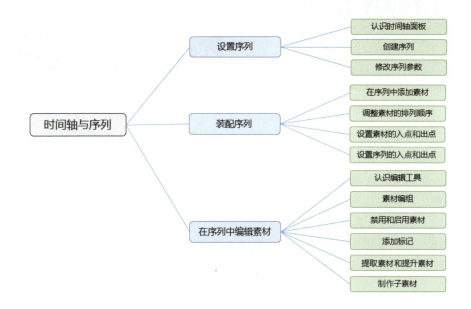

项目实战

实战1：三屏短视频

随着手机短视频的兴起，三屏短视频在网络上非常受欢迎，3个相同的画面同时分布在一个屏幕上，可以给人以强烈的视觉冲击。

本实战会创建一个竖屏序列，在不同视频轨道之间复制、移动视频素材，从而制作一个三屏短视频。

首先新建序列。新建的序列默认是横屏的，而三屏短视频使用的是竖屏序列。

（1）使用默认参数新建一个项目"三屏短视频.prproj"，然后在菜单栏中选择"文件"→"新建"→"序列"命令，弹出"新建序列"对话框，在"序列名称"文本框中输入"三屏视频"，切换到"设置"选项卡，在"编辑模式"下拉列表中选择"自定义"选项，并且将"帧大小"设置为720像素×1280像素。

（2）单击"确定"按钮，创建序列，在节目监视器面板中可以看到创建的序列显示为竖屏，如图3-56所示。

（3）在项目面板中导入一个视频素材，然后将视频素材拖动到时间轴面板中，弹出"剪辑不匹配警告"对话框，如图3-57所示。

图 3-56 创建的竖屏序列

图 3-57 "剪辑不匹配警告"对话框

如果单击"更改序列设置"按钮,那么根据视频素材的尺寸修改序列设置;如果单击"保持现有设置"按钮,那么不改变序列的尺寸,但是视频素材的尺寸可能会与序列的尺寸不匹配,此时需要对视频素材的尺寸进行调整。

(4)单击"保持现有设置"按钮,关闭该对话框。在节目监视器面板中可以看到,这个序列只能显示原视频中的一部分内容,如图 3-58 所示。

(5)在节目监视器面板中双击视频素材,拖动变形框顶点上的控制手柄,可以调整视频素材的尺寸;在视频素材上按住鼠标左键并拖动鼠标,可以调整视频素材的位置,如图 3-59 所示。

图 3-58 序列效果

图 3-59 调整视频素材的尺寸和位置

时间轴面板中只有一个视频素材,接下来在视频轨道之间复制视频素材。

(6)按住 Alt 键,然后在时间轴面板中的视频素材上按住鼠标左键并拖动鼠标,将视频素材复制到上方的视频轨道中,如图 3-60 所示。

(7)重复步骤(6)中的操作,在另一条视频轨道中复制视频素材,如图 3-61 所示。

(8)在节目监视器面板中双击一个视频素材,使用鼠标拖动视频素材,使其上移,使用同样的方法下移另一个视频素材,效果如图 3-62 所示。

图 3-60　复制视频素材

图 3-61　再次复制视频素材

图 3-62　调整视频素材的位置

提示

借助键盘上的 Shift 键、↑方向键和↓方向键，可以保证水平位置不变，在垂直方向上移动素材。

（9）将播放指示器拖动到时间标尺的第 1 帧，按空格键，即可预览视频效果，如图 3-63 所示。

图 3-63　预览视频效果

实战 2：旅拍 Vlog

本实战会使用 Premiere 将零散的片段组接成连续的动态画面，配上合适的背景音乐，制作一个精彩的 Vlog 作品。

（1）在菜单栏选择"文件"→"新建→"项目"命令，弹出"新建项目"对话框，在"名称"文本框中输入项目名称"旅拍视频"，其他参数采用默认设置，如图 3-64 所示，单击"确定"按钮，关闭该对话框。

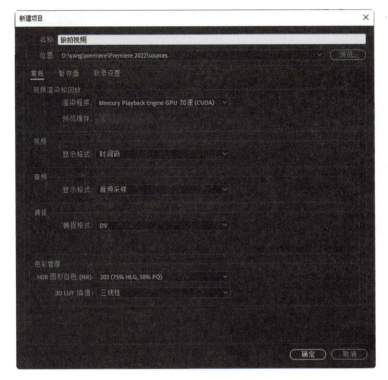

图 3-64 设置项目名称

（2）打开"媒体浏览器"面板，定位到素材文件所在的路径，按住 Ctrl 键，选中要导入的素材文件并右键，在弹出的快捷菜单中选择"导入"命令，如图 3-65 所示。在导入素材后，自动切换到项目面板，可以看到导入的素材，如图 3-66 所示。

图 3-65 选择"导入"命令

图 3-66 导入的素材

（3）在项目面板的空白处右击，在弹出的快捷菜单中选择"新建项目"→"序列"命令，弹出"新建序列"对话框，在"序列名称"文本框中输入"lpsp"，在"可用预设"列表框中选择"DV-PAL"→"标准 48kHz"选项；切换到"设置"选项卡，设置"编辑模式"为"自定义"，设置"时基"为"24.00 帧/秒"，如图 3-67 所示。在参数设置完成后，单击"确定"按钮，关闭该对话框。

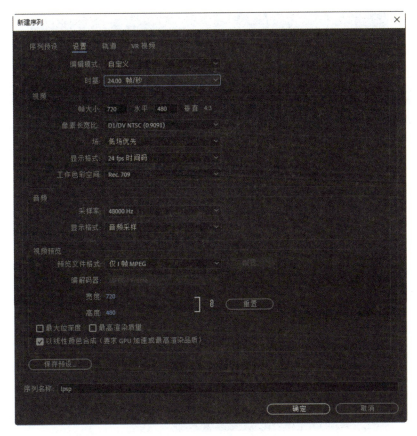

图 3-67 "新建序列"对话框

（4）在项目面板中，将导入的视频素材 fj01.mp4 拖动到时间轴面板中，弹出"剪辑不匹配警告"对话框，提示导入的视频剪辑与序列设置不匹配，如图 3-68 所示。这是因为导入的视频帧速率与创建序列时设置的时基不同。在项目面板中可以查看视频素材的帧速率。

图 3-68 "剪辑不匹配警告"对话框

（5）单击"保持现有设置"按钮，关闭该对话框。然后使用同样的方法，将图片素材 qt02.jpg、qt01.jpg、qt03.jpg 及视频素材"枫叶.mp4"依次添加到同一个视频轨道中进行组接，如图 3-69 所示。

（6）选中视频素材 fj01.mp4 并右击，在弹出的快捷菜单中选择"缩放为帧大小"命令，调整该素材的画面尺寸，如图 3-70 所示。

（7）按住 Shift 键，选中其余的素材并右击，在弹出的快捷菜单中选择"缩放为帧大小"命令，同时调整被选中素材的画面尺寸，如图 3-71 所示。

图 3-69　组接素材

图 3-70　调整视频素材 fj01.mp4 的画面尺寸

图 3-71　同时调整被选中素材的画面尺寸

接下来调整素材的入点和出点。

（8）切换到工具面板，选择"滚动编辑工具" ，将鼠标指针移动到第 1 个图片素材 qt02.jpg 的右侧边缘，当鼠标指针显示为 时，按住鼠标左键并向右拖动到合适的位置，调整图片素材 qt02.jpg 的出点，如图 3-72 所示，右侧相邻素材的入点和出点也随之发生改变。

图 3-72　调整图片素材 qt02.jpg 的出点

（9）在工具面板中选择"选择工具" ，在最后一个视频素材"枫叶.mp4"上按住鼠标左键并向右拖动，调整该素材的入点和出点，然后将鼠标指针移动到最后一个图片素材 qt03.jpg 的出点，当鼠标指针显示为向右的边缘图标 时，按住鼠标左键并向右拖动到视频素材"枫叶.mp4"的入点，调整图片素材 qt03.jpg 的出点，如图 3-73 所示。

图 3-73　调整图片素材 qt03.jpg 的出点

（10）将鼠标指针移动到第 2 个图片素材 qt01.jpg 的出点，当鼠标指针显示为向右的边缘图标 时，按住鼠标左键并向右拖动到合适的位置，调整图片素材 qt01.jpg 的出点，使其与其右侧的素材进行组接，如图 3-74 所示。

图 3-74　调整图片素材 qt01.jpg 的出点

本实战希望保留视频素材"枫叶.mp4"的一部分内容，删除视频结束位置的部分片段。除了在将素材导入序列前进行修剪，还有一个简单的方法，即设置序列的出点。

（11）将播放指示器拖动到要修剪视频的位置，在节目监视器面板中单击"标记出点"按钮 ，即可将播放指示器所在位置设置为序列的出点，显示出点符号，如图 3-75 所示。序列出点右侧的素材不会出现在渲染导出的视频作品中。

图 3-75　设置序列的出点

在序列装配完成后，下面为素材添加一些简单的效果，增强视觉感。有关效果和关键帧的具体操作可以参考本书后续章节中的相关介绍。

（12）在时间轴面板中选中第 1 个视频素材 fj01.mp4，将播放指示器拖动到该素材的不透明度开始发生变化的位置，打开"效果控件"面板，单击"不透明度"选项左侧的"切换动画"按钮 ，添加"不透明度"关键帧，如图 3-76 所示。

（13）将播放指示器拖动到视频素材 fj01.mp4 的出点，在"效果控件"面板中，设置"不透明度"为"10.0%"，如图 3-77 所示。

拖动播放指示器，预览视频素材 fj01.mp4 的效果，可以看到视频素材 fj01.mp4 在指定位置开始慢慢变暗，直到该视频素材结束。接下来为其他素材添加效果。

 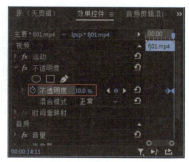

图 3-76　添加"不透明度"关键帧　　图 3-77　设置视频素材 fj01.mp4 的"不透明度"参数

（14）将播放指示器拖动到图片素材 qt02.jpg 的入点，在"效果控件"面板中单击"缩放"选项左侧的"切换动画"按钮，添加"缩放"关键帧，如图 3-78 所示。将播放指示器拖动到图片素材 qt02.jpg 的出点，在"效果控件"面板中，设置"缩放"为"180.0"，如图 3-79 所示。

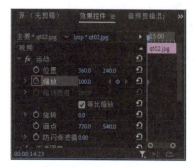 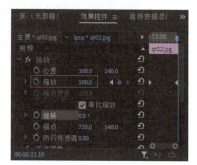

图 3-78　在图片素材 qt02.jpg 的入点　　图 3-79　在图片素材 qt02.jpg 的出点
　　　　　添加关键帧　　　　　　　　　　　　　　添加关键帧

（15）按照步骤（14）中的方法，在图片素材 qt01.jpg 的入点和出点添加关键帧，分别如图 3-80 和图 3-81 所示。

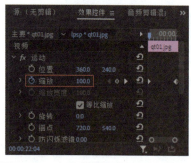 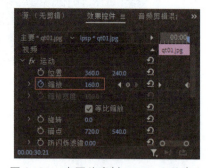

图 3-80　在图片素材 qt01.jpg 的入点　　图 3-81　在图片素材 qt01.jpg 的出点
　　　　　添加关键帧　　　　　　　　　　　　　　添加关键帧

（16）将播放指示器拖动到图片素材 qt03.jpg 的入点，在"效果控件"面板中单击"位置"选项左侧的"切换动画"按钮，添加"位置"关键帧，然后修改该素材的水平位置，如图 3-82 所示。将播放指示器拖动到图片素材 qt03.jpg 的出点，然后修改该素材的水平位置和缩放比例，如图 3-83 所示。

 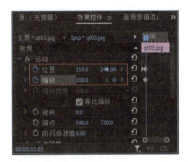

图 3-82　在图片素材 qt02.jpg 的入点　　　图 3-83　在图片素材 qt02.jpg 的出点
　　　　　添加关键帧　　　　　　　　　　　　　　添加关键帧

在本实战中，导入的第 1 个视频素材 fj01.mp4 中包含音频，不便于后期添加背景音乐。接下来设置音频轨道属性，并且添加背景音乐。

（17）在音频轨道左侧单击"静音轨道"按钮 M，将视频素材自带的音频轨道设置为静音轨道，如图 3-84 所示。

图 3-84　将视频素材自带的音频轨道设置为静音轨道

（18）在项目面板的空白处双击，弹出"导入"对话框，导入一个背景音乐素材，然后将背景音乐素材拖动到音频轨道 A2 中，如图 3-85 所示。

图 3-85　添加背景音频素材

至此，视频制作完成，接下来渲染视频，并且预览渲染效果。

（19）在菜单栏中选择"序列"→"渲染入点到出点"命令，即可对视频进行渲染。在渲染完成后，在节目监视器面板中自动播放视频，其中 3 帧的效果如图 3-86 所示。

图 3-86　视频渲染效果示例

项目 4

处理视频素材和音频素材

思政目标

- 把握整体,全面考虑视频和音频所表达的内容。
- 发挥想象力和创造力,利用各种剪辑方式实现创意设计。

技能目标

- 能够根据需求对视频进行分割,分离视频画面和音频;能够使用视频过渡效果和视频效果对视频画面进行创意加工。
- 能够添加特定类型的音频轨道,修改音频的速度和增益;能够使用音频过渡效果和音频效果制作常见的音效。

项目导读

处理视频素材和音频素材是对视频素材和音频素材进行非线性编辑的一种方式。在处理过程中,可以通过对序列中的素材进行分割、合并、添加过渡效果和特效等加工方式,生成充满创意的作品。本项目主要介绍分割、分离视频,调整音频回放速度和增益,以及使用 Premiere 预置的音频效果、视频效果模拟各种风格、场景的操作方法。在实际应用中,读者可以尝试每一种效果,体会同一种效果、不同的参数带来的风格变化,从而加深对各种效果的理解。

任务 1　处理视频素材

任务引入

在预览序列中的视频素材时，李想发现有些片段夹杂了环境噪声，有些画面显得多余，需要截掉。此外，由于素材拍摄的时间、场景和风格各不相同，因此直接将其组接在一起显得很生硬、不连续。还有部分素材没有预想的视觉效果。例如，需要展现田野日出的绮丽效果，但素材中只有田野风景，没有日出。在 Premiere 中，应该如何处理素材，从而解决这些问题呢？

知识准备

本任务主要介绍使用剪辑工具处理视频素材的方法，以及对视频素材应用视频过渡效果和视频效果的方法。

对视频素材进行剪辑处理，可以分为 3 个步骤，分别为粗剪、精剪和完善。

（1）粗剪。按照事先编写的作品脚本对素材进行简单的组接，创建作品的雏形，此时可以不考虑配乐、字幕和特效等。

（2）精剪。在粗剪的基础上，进一步对素材进行剪辑，调整镜头、修饰音频、添加字幕和特效等，这一步工作直接影响作品的质量。

（3）完善。作为影视剪辑的最后一道工序，这一步主要用于进行剧情细节和节奏的调整，其重要性不言而喻。

Premiere Pro 2022 提供了丰富、易用的剪辑工具，即使是初学者，也能轻松上手，快速掌握视频剪辑的操作方法。

一、分离音频和视频画面

在拍摄的视频中，音频和视频画面通常是链接在一起的。如果只希望修剪视频中的画面，则可以取消音频和视频画面之间的链接，将视频画面分离出来进行编辑。在编辑完成后，再重新链接音频和视频画面。

（1）打开要分离音频和视频画面的视频素材所在的序列，如图 4-1 所示。单击视频轨道，音频轨道也会被选中，这是因为视频素材中的音频和视频画面是以链接的形式存在的。

（2）右击序列中的视频素材，在弹出的快捷菜单中选择"取消链接"命令，如图 4-2 所示，即可分离视频素材中的音频和视频画面，此时可以单独选中音频和视频画面。

图 4-1 要分离音频与视频画面的视频素材所在的序列

图 4-2 选择"取消链接"命令

 提示

如果要将独立的音频和视频画面重新链接在一起,那么可以按住 Shift 键,选中轨道中的音频和视频画面并右击,在弹出的快捷菜单中选择"链接"命令。

二、分割视频

在制作视频时,如果仅需要视频素材的一部分,那么可以使用 Premiere 提供的"剃刀工具"对视频素材进行分割。下面通过截取一个视频片段,介绍"剃刀工具"的使用方法。

实例——截取视频片段

(1)新建一个名为"处理视频"的项目,然后右击项目面板的空白处,在弹出的快捷菜单中选择"新建项目"→"序列"命令,使用默认参数创建一个名为"食品安全法"的序列。

(2)在项目面板中导入一个视频素材"新修订《食品安全法》.mp4",然后将其拖动到时间轴面板的视频轨道中。此时,弹出"剪辑不匹配警告"对话框,提示用户此剪辑与序列设置不匹配,单击"更改序列设置"按钮,修改序列的默认设置。

本实例导入的视频素材中包含音频。下面删除视频素材中的原有音频,添加背景音乐。

(3)右击序列中的视频素材,在弹出的快捷菜单中选择"取消链接"命令,分离音频和视频画面。然后选中音频,按 Delete 键将其删除。

(4)在项目面板中导入一个音频素材作为背景音乐,将其拖动到时间轴面板的音频轨道中,如图 4-3 所示。根据图 4-3 可知,音频的持续时间较长,需要对其进行裁剪。

(5)在工具面板中选择"剃刀工具",将鼠标指针移动到音频素材上要修剪的时间点,本实例选择视频素材的出点,在鼠标指针显示为时单击,即可在指定位置将音频素材分割为两部分,如图 4-4 所示。

(6)在工具面板中选择"选择工具",选中多余的音频片段,按 Delete 键将其删除。

接下来使用"剃刀工具"同时修剪多余的音频和视频画面。

图 4-3 将导入的音频素材拖动到音频轨道中

图 4-4 将音频素材分割为两部分

（7）将播放指示器拖动到视频素材的分割点，在工具面板中选择"剃刀工具" ，按住 Shift 键，将鼠标指针移动到要分割的位置，此时鼠标指针显示为 ，并且显示一条贯穿视频素材和音频素材的分割指示线，如图 4-5 所示。

（8）单击即可沿分割指示线同时分割视频素材和音频素材，如图 4-6 所示。

图 4-5 显示分割指示线

图 4-6 同时分割视频素材和音频素材

（9）在工具面板中选择"选择工具" ，按住 Shift 键，选中要删除的视频素材片段和音频素材片段并右击，在弹出的快捷菜单中选择"波纹删除"命令，如图 4-7 所示。此时，在时间轴面板中可以看到，选中的素材片段被删除的同时，它们右侧的素材片段自动前移，效果如图 4-8 所示。

图 4-7 选择"波纹删除"命令

图 4-8 波纹删除素材片段后的效果

三、添加视频过渡效果

视频过渡效果是指视频作品中一个场景切入另一个场景的过渡效果，可以很好地将两个素材融合。Premiere Pro 2022 在"效果"面板中的"视频过渡"节点下预置了丰富的视频过渡效果，可以将其添加到两个素材之间，也可以将其添加到某个素材的起始位置或结束位置。

在为素材添加视频过渡效果后，对视频过渡效果的参数进行编辑，可以实现独特的过渡效果。

在时间轴面板中选中要编辑参数的视频过渡效果，切换到"效果控件"面板，可以查看视频过渡效果的参数，如图 4-9 所示。

> 提示
>
> 选中的视频过渡效果不同，"效果控件"面板中显示的参数不同。

在"持续时间"的数值上按住鼠标左键并左右移动鼠标，或者单击"持续时间"的数值，可以修改视频过渡效果的持续时间。将鼠标指针移动到视频过渡效果的左（或右）边缘，当鼠标指针显示为 （或 ）时，按住鼠标左键并拖动，也可以很方便地调整视频过渡效果的持续时间。

图 4-9　查看视频过渡效果的参数

在"对齐"下拉列表中可以修改视频过渡效果与编辑点的对齐方式。在修改持续时间时，不同的对齐方式对素材的入点和出点的影响也不相同。其中，"中心切入"与"自定义起点"对入点和出点都有影响，"起点切入"影响出点，"终点切入"影响入点。在时间轴面板中，在视频过渡效果上按住鼠标左键并拖动鼠标，也可以修改对齐方式。

在"开始"和"结束"的数值上按住鼠标左键并左右拖动鼠标，或者拖动图片下方的滑块，可以预览视频过渡效果在某个时间点的效果。如果要查看实际素材的视频过渡效果，则需要勾选"显示实际源"复选框。

在添加视频过渡效果后，默认从第 1 个素材（A）切换到第 2 个素材（B）。如果希望从第 2 个素材（B）切换到第 1 个素材（A），则需要勾选"反向"复选框。

> 提示
>
> 对于某些视频过渡效果，可以设置过渡的边框效果，还可以设置视频过渡效果的特定参数。例如，对于"风车"过渡效果，可以修改风车的楔形数量（默认值为 8）。

实例——家具展示

本实例通过在素材之间，以及序列的入点与出点添加视频过渡效果，实现画面的平滑切换，演示为素材添加视频过渡效果、调整视频过渡效果的持续时间、删除视频过渡效果的操作方法。

（1）新建一个名为"家具展示"的项目，在项目面板的空白处右击，在弹出的快捷菜单中选择"新建项目"→"序列"命令，弹出"新建序列"对话框，在"序列预设"选项卡的"可用预设"列表框中选择"DV-PAL"→"标准 48kHz"选项，设置"序列名称"为"沙发"，单击"确定"按钮，新建一个序列。

（2）在项目面板中导入 3 个图片素材，并且将其添加到序列中，如图 4-10 所示。

（3）打开"效果"面板，展开"视频过渡"节点，可以看到 Premiere 预设的视频过渡效果，如图 4-11 所示。展开某个视频过渡效果分类，可以查看该类视频过渡效果的具体列表。

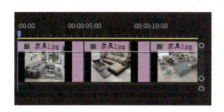

图 4-10　将图片素材添加到序列中

图 4-11　预设的视频过渡效果

如果知道视频过渡效果的名称或其中的个别字符（如"Cube"），那么在"效果"面板顶部的搜索框中直接输入视频过渡效果的名称或关键字，即可自动展示相应的搜索结果，如图 4-12 所示。

（4）展开 3D Motion（3D 运动）过渡效果节点，将 Cube Spin（立方体旋转）过渡效果拖动到第 1 个素材和第 2 个素材之间的交汇处，即可在两个素材之间添加 Cube Spin 过渡效果，如图 4-13 所示。

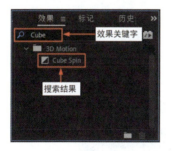

图 4-12　搜索结果

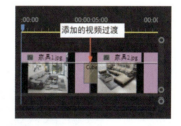

图 4-13　添加 Cube Spin 过渡效果

（5）拖动时间轴面板中的播放指示器，可以预览 Cube Spin 过渡效果，如图 4-14 所示。

图 4-14　预览 Cube Spin 过渡效果

（6）按照步骤（4）中的方法，在第 2 个素材和第 3 个素材之间添加 Cube Spin 过渡效果。

除了可以设置两个素材之间的视频过渡效果，还可以在单个素材的起始位置或结束位置添加视频过渡效果，创建素材的入场效果和出场效果。

（7）展开 Zoom（缩放）过渡效果节点，将 Cross Zoom（交叉缩放）过渡效果拖动到第 1 个素材的起始位置，如图 4-15 所示。

图 4-15　在素材的起始位置添加 Cross Zoom 过渡效果

（8）拖动时间轴面板中的播放指示器，可以预览 Cross Zoom 过渡效果，如图 4-16 所示。

图 4-16　预览 Cross Zoom 过渡效果

（9）展开 Slide（滑动）过渡效果节点，将 Push（推）过渡效果拖动到第 3 个素材的结束位置，如图 4-17 所示。

图 4-17　在素材的结束位置添加 Push 过渡效果

（10）拖动时间轴面板中的播放指示器，可以预览 Push 过渡效果，如图 4-18 所示。

图 4-18　预览 Push 过渡效果

视频过渡效果的持续时间默认为 1 秒,持续时间越长,过渡速度越慢,反之越快。接下来修改视频过渡的持续时间。

(11)在时间轴面板中选中 Cube Spin 过渡效果并右击,在弹出的快捷菜单中选择"设置过渡持续时间"命令,如图 4-19 所示。

(12)在弹出的"设置过渡持续时间"对话框中,在"持续时间"的数值上按住鼠标左键并左右拖动鼠标,可以缩短或增长持续时间,也可以直接在"持续时间"文本框中修改持续时间,如图 4-20 所示。在设置完成后,单击"确定"按钮,关闭该对话框。在时间轴面板中可以看到 Cube Spin 过渡效果的持续时间变成了设置的持续时间。

图 4-19 选择"设置过渡持续时间"命令

图 4-20 "设置过渡持续时间"对话框

(13)将鼠标指针移动到另一个 Cube Spin 过渡效果的右侧边缘,当鼠标指针显示为 时,按住鼠标左键并拖动鼠标,可以调整 Cube Spin 过渡效果的持续时间,素材图标下方会显示时间码,用于查看持续时间,如图 4-21 所示。在将鼠标指针拖动到合适的位置后,释放鼠标左键,即可调整 Cube Spin 过渡效果的持续时间。

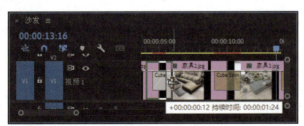

图 4-21 调整 Cube Spin 过渡效果的持续时间

如果将鼠标指针移动到 Cube Spin 过渡效果的左边缘,那么鼠标指针会显示为 。

(14)如果要删除添加的视频过渡效果,那么选中要删除的视频过渡效果,然后按 Delete 键或 Backspace 键即可。

四、设置默认的视频过渡效果

如果要对同一个项目中的多个素材应用相同的视频过渡效果,则可以将该视频过渡效果设置为默认的视频过渡效果。Premiere Pro 2022 中默认的视频过渡效果为"交叉溶解",在"效果"面板中的"视频过渡"→"溶解"节点下可以看到,"交叉溶解"过渡效果的图标边框显示为蓝色,如图 4-22 所示。

图 4-22 默认的视频过渡效果

用户可以根据创作需要,将其他需要反复用到的视频过渡效果设置为默认的视频过渡效果。例如，在 Iris Cross（交叉划像）过渡效果上右击，在弹出的快捷菜单中选择"将所选过渡设置为默认过渡"命令，如图 4-23 所示。此时，Iris Cross 过渡效果的图标边框显示为蓝色，表示已经将该视频过渡效果设置为默认的视频过渡效果了，如图 4-24 所示。

图 4-23　选择"将所选过渡设置为默认过渡"命令　　图 4-24　设置默认的视频过渡效果

如果要在多个素材上同时应用默认的视频过渡效果，那么首先使用"向前选择轨道工具"（或"向后选择轨道工具"）选中素材，然后在菜单栏中选择"序列"→"应用默认过渡到选择项"命令，或者直接按 Shift+D 组合键，即可在选中的所有素材上应用默认的视频过渡效果。

五、应用视频效果

Premiere Pro 2022 在"效果"面板的"视频效果"节点下预置了非常丰富、强大的视频效果，用于处理视频画面。用户只需要进行简单的操作，就可以创建出广泛应用于视频、电视、电影和广告设计等领域的炫酷效果。

在"效果"面板中，展开"视频效果"节点，即可看到预设的视频效果，如图 4-25 所示。展开某个视频效果节点，可以查看该类视频效果的具体列表。

下面简要介绍"视频效果"节点下各类视频效果的主要用途。

图 4-25　视频效果列表

- 变换：包含 5 种变换画面的视频效果，可以翻转素材画面、羽化素材画面边缘和裁剪素材画面。
- 图像控制：用于平衡素材画面中强弱、浓淡、轻重的色彩关系。
- 实用程序：利用 Cineon 转换器改变素材画面的明度、色调、高光和灰度等。
- 扭曲：用于对素材画面进行几何变形。
- 时间：用于改变素材画面的帧速率和制作"残影"效果。
- 杂色与颗粒：用于给素材画面添加"杂色"效果。
- 模糊与锐化：用于调整素材画面的"模糊"和"锐化"效果。
- 沉浸式视频：用于创建一种模拟环境的视频效果。
- 生成：创建"书写"、"蜂巢图案"、"棋盘"、"填充"、"镜头光晕"和"闪电"等视频效果。
- 视频：可以调整素材画面的亮度、对比度及阈值；在素材上显示素材的名称和时间码,并且进行文字编辑。
- **调整**:可以调整素材画面的色相、饱和度;模拟灯光照射在物体上的效果;调整素材画面的色阶,或者将彩色画面转化为黑白画面。
- **过时**:可以校正素材画面的亮度、对比度和色阶,添加"快速模糊"效果。
- **过渡**:与"视频过渡"节点下的"过渡"效果类似,不同的是,"视频效果"节点下的"过渡"效果是在素材自身图像上进行过渡,而"视频过渡"节点下的"过渡"效果是在两个素材之间进行过渡。
- **透视**:用于给素材添加"透视"效果。
- **通道**:可以反转素材颜色值、创建组合素材、混合视频轨道、调整素材的颜色通道、设置遮罩、创建移动蒙版等。
- **键控**:常用的抠像合成效果,在两个重叠的素材上运用特效进行合成。将在项目7中进行详细介绍。
- **颜色校正**:校正素材画面的颜色、亮度和对比度,对色彩进行保留、均衡或更改。
- **风格化**:可以在素材上制作"发光"、"浮雕"、"马赛克"、"纹理"和"曝光过度"等风格的特殊效果。

将需要的视频效果拖动到时间轴面板中的视频素材上,即可为指定的视频素材添加视频效果。与视频过渡效果类似,在添加视频效果后,使用"效果控件"面板可以编辑视频效果的参数。

如果要暂时禁用视频效果,则可以在"效果控件"面板中直接单击视频效果名称左侧的"切换效果开关"按钮 fx;也可以在选中效果后单击"效果控件"面板标题栏右侧的选项按钮,在弹出的下拉菜单中选择"效果已启用"命令,如图4-26所示。禁用的视频效果选项显示为灰色,"切换效果开关"按钮显示为 fx,以禁用"裁剪"效果为例,如图4-27所示。再次选择"效果已启用"命令,即可重新启用视频效果。

图4-26 选择"效果已启用"命令

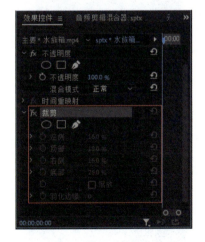

图4-27 禁用"裁剪"效果

如果要删除添加到素材上的某个视频效果,则可以在"效果控件"面板中选中对应的视频效果,然后按Delete键将其删除;也可以单击"效果控件"面板标题栏右侧的选项按钮,在图4-26中的下拉菜单中选择"移除所选效果"命令。

如果要批量删除添加到某个素材上的多个效果，则在图 4-26 中的下拉菜单中选择"移除效果"命令，弹出"删除属性"对话框，然后在"效果"列表框中选中要删除的效果，单击"确定"按钮即可。

实例——田野日出

本实例主要使用"镜头光晕"效果和"RGB 曲线"效果实现清晨田野日出的效果。

（1）新建一个名为"日出"的项目，在项目面板中导入一个田野图片素材，如图 4-28 所示。

（2）在项目面板中，将田野图片素材拖动到时间轴面板中，自动新建一个序列，田野图片素材默认位于序列的视频轨道中。然后打开"效果"面板，在搜索框中输入"镜头"，按 Enter 键，在查找结果中选中"镜头光晕"效果，如图 4-29 所示。

图 4-28　田野图片

（3）将"镜头光晕"效果拖动到序列中的素材上，节目监视器面板中的画面效果如图 4-30 所示。

图 4-29　选中"镜头光晕"效果

图 4-30　应用"镜头光晕"效果后的画面效果

（4）打开"效果控件"面板，修改光晕的中心位置，设置"光晕亮度"为"80%"、"镜头类型"为"105 毫米定焦"，如图 4-31 所示。节目监视器面板中的画面效果如图 4-32 所示。

图 4-31　"效果控件"面板中的参数设置

图 4-32　画面效果

(5)在"效果"面板中选中"RGB 曲线"效果,如图 4-33 所示,将该效果拖动到素材上。

图 4-33 选择"RGB 曲线"效果

(6)在"效果控件"面板中展开"RGB 曲线"节点,调整红色曲线和蓝色曲线,如图 4-34 所示,调整后的画面效果如图 4-35 所示。

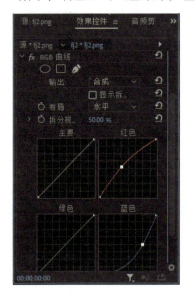

图 4-34 调整红色曲线和蓝色曲线　　　　图 4-35 最终画面效果

实例——创意照片

本实例主要使用"水平翻转"效果、"亮度与对比度"效果和"投影"效果,对一张小鸟图片进行处理,通过将其与背景图片合成,制作一张创意照片。

(1)新建一个名为"创意照片"的项目,在项目面板中导入两个图片素材,如图 4-36 所示。

(2)将背景图片素材拖动到时间轴面板中,自动新建一个序列,然后将小鸟图片素材拖动到视频轨道 V2 中。右击序列中的小鸟图片素材,在弹出的快捷菜单中选择"缩放为帧大小"命令,此时,节目监视器面板中的画面效果如图 4-37 所示。

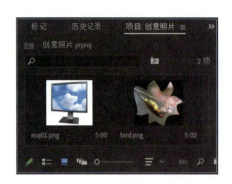

图 4-36　导入图片素材　　　　　　图 4-37　初始画面效果

（3）在"效果"面板中选中"水平翻转"效果，如图 4-38 所示。将该视频效果拖动到小鸟图片素材上，在节目监视器面板中可以看到小鸟图片素材水平翻转后的画面效果，如图 4-39 所示。

图 4-38　选中"水平翻转"效果　　　图 4-39　小鸟图片素材水平翻转后的画面效果

（4）在序列中选中小鸟图片素材，然后在"效果控件"面板中展开"运动"节点，设置缩放比例，调整小鸟图片素材的位置，具体参数设置如图 4-40 所示。调整小鸟图片素材位置和大小后的画面效果如图 4-41 所示。

图 4-40　"效果控件"面板中的参数设置（一）　图 4-41　调整小鸟图片素材位置与大小后的画面效果

项目 4 　处理视频素材和音频素材

（5）在"效果"面板中选中 Brightness & Contrast（亮度与对比度）效果，如图 4-42 所示。将该视频效果拖动到小鸟图片素材上，然后在"效果控件"面板中设置小鸟图片素材的亮度，如图 4-43 所示。调整亮度后的画面效果如图 4-44 所示。

图 4-42　选中 Brightness & Contrast 效果

图 4-43　设置小鸟图片素材的亮度

图 4-44　调整亮度后的画面效果

（6）在"效果"面板中选中"投影"效果，如图 4-45 所示。将该视频效果拖动到小鸟图片素材上，然后在"效果控件"面板中设置投影的不透明度、方向、距离和柔和度，如图 4-46 所示。调整参数后的画面效果如图 4-47 所示。

图 4-45　选中"投影"效果

图 4-46　"效果控件"面板中的参数设置（二）

图 4-47　最终画面效果

任务 2　处理音频素材

任务引入

李想按照构思剪辑了视频素材并添加了效果，下面处理背景音乐。李想将音频片段直接拖动到音频轨道中，声音效果显得很突兀。李想分析了一下问题所在：音频的时长与画面时长不匹配，声音直接播放的音量过大，而且切入不自然。那么，在 Premiere 中，应该怎样修改音频的回放速度和音量呢？应该怎样实现声音淡入淡出地自然切入和结束呢？如果希望普通的音频能融合到特定的情境中，那么应该如何处理呢？

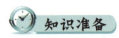 知识准备

在一个完整的视频作品中，对音频的编辑不可或缺。在视频中添加音频，可以突出主题、烘托气氛，辅助画面产生更丰富的视觉效果。使用 Premiere 不仅可以调整音频的音量，还可以制作多种音频效果，模拟不同的音质。

一、修改音频回放速度

在项目面板中导入音频素材后，双击音频素材，可以在源监视器面板中显示音频波形，单击"播放-停止切换"按钮，可以试听音频效果，如图 4-48 所示。

在导入的音频素材上右击，在弹出的快捷菜单中选择"速度/持续时间"命令，弹出"剪辑速度/持续时间"对话框，如图 4-49 所示，在该对话框中可以修改音频的回放速度和持续时间。在默认情况下，修改音频的回放速度，音频的持续时间也会随之发生相应的变化。如果要分别设置音频的回放速度和持续时间，则可以单击右侧的锁定按钮解除锁定。

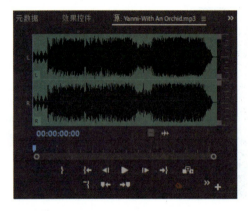

图 4-48 在源监视器面板中试听音频效果

图 4-49 "剪辑速度/持续时间"对话框

二、设置音频单位格式

将导入的音频素材拖动到时间轴面板的音频轨道中，即可在视频作品中添加音频。与图片素材、视频素材类似，在节目监视器面板中可以很方便地设置音频素材的入点和出点，以及使用提升和提取功能剪辑音频素材。

在默认情况下，时间轴面板中素材的标准测量单位是视频帧，在编辑音频素材时，可以使用与帧对应的音频单位显示音频时间。

在菜单栏中选择"文件"→"项目设置"→"常规"命令，弹出"项目设置"对话框，可以在"音频"选区的"显示格式"下拉列表中选择"毫秒"或"音频采样"选项，从而设置音频单位，如图 4-50 所示。

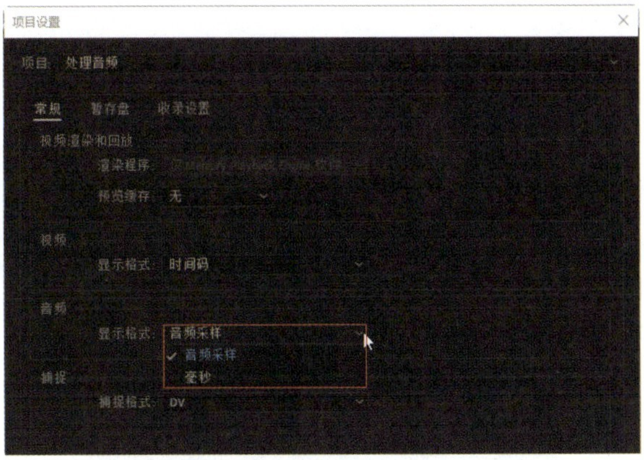

图 4-50　设置音频单位

三、添加音频轨道

Premiere 支持 4 种音频声道：单声道、立体声、5.1 声道和自适应声道。在项目面板中右击音频素材，在弹出的快捷菜单中选择"修改"→"音频声道"命令，弹出"修改剪辑"对话框，在"剪辑声道格式"下拉列表中选择音频声道，如图 4-51 所示。

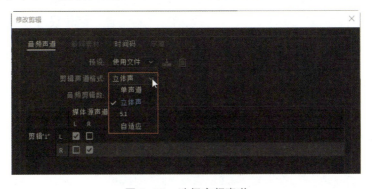

图 4-51　选择音频声道

单声道只包含一个声道，当使用扬声器回放音频时，不能对声音位置进行定位。立体声包含左、右两个声道，在回放音频时，听众能分辨各种乐器声音的方向。5.1 声道可以传送低于 80Hz 的声音信号，将对话集中在整个声场的中部，有利于加强人声，增强整体效果。自适应声道可以是单声道，也可以是立体声，可以使用对工作流程效果最佳的方式将源音频映射至输出音频声道。

对应 4 种音频声道，Premiere 提供了 4 种音频轨道，分别为标准音频轨道、5.1 音频轨道、自适应音频轨道和单声道音频轨道，分别用于剪辑不同声道的音频。标准音频轨道中可以同时包含单声道和立体声音频素材，5.1 音频轨道中只能包含 5.1 声道音频素材，自适应音频轨道中可以包含单声道、立体声和自适应声道音频素材，单声道音频轨道中只能包含单声道音频素材。

如果要在时间轴面板中添加特定类型的音频轨道，则可以在菜单栏中选择"序列"→"添加轨道"命令，弹出"添加轨道"对话框，在"音频轨道"选区中指定添加的音频轨道数量、位置和类型，如图 4-52 所示。

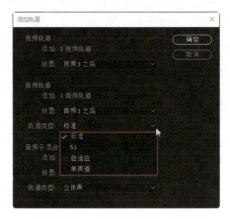

图 4-52 "添加轨道"对话框

四、调整音频增益

如果一个视频素材中同时包含多个音频素材，并且音频信号高低不等，那么需要调整音频的增益，即音频信号的声调高低。在时间轴面板中右击音频素材，在弹出的快捷菜单中选择"音频增益"命令，弹出"音频增益"对话框，用于设置或调整增益值，如图 4-53 所示。

图 4-53 "音频增益"对话框

● 实例——雨后新荷

本实例通过修改音频的播放速度，实现视频画面与音频节奏的同步。

（1）新建一个名为"雨后新荷"的项目，在项目面板中导入一个视频素材和一个音频素材。

（2）将视频素材拖动到时间轴面板中，自动新建一个与视频素材同名的序列，然后将音频素材拖动到时间轴面板的音频轨道中，如图 4-54 所示。

（3）拖动播放指示器，预览视频效果，可以发现音频中的水滴声与视频画面不同步。

（4）右击序列中的音频素材，在弹出的快捷菜单中选择"速度/持续时间"命令，弹出"剪辑速度/持续时间"对话框，设置"速度"为"130%"，如图 4-55 所示。单击"确定"按钮，关闭该对话框。

图 4-54 装配的序列

图 4-55 "剪辑速度/持续时间"对话框

（5）右击音频素材，在弹出的快捷菜单中选择"音频增益"命令，弹出"音频增益"对话框，默认选择"调整增益值"单选按钮，将其值设置为 10dB，如图 4-56 所示。此时，在时间轴面板中可以看到音频的波形振幅发生了变化，如图 4-57 所示。根据图 4-57 可知，视频的持续时间比音频的持续时间长。接下来复制水滴的声音，为了使音频声音与视频画面同步，在要重复音频的位置添加标记。

图 4-56 "音频增益"对话框

图 4-57 设置增益值后音频的波形振幅

（6）选中视频素材，拖动播放指示器，在水滴落下的位置添加标记，如图 4-58 所示。

（7）选中音频素材并按住 Alt 键，按住鼠标左键并向右拖动音频素材，当在视频标记位置显示一条黑色竖线时，表示音频入点与标记位置对齐，如图 4-59 所示。

图 4-58 添加视频标记

图 4-59 移动音频副本到视频标记位置

（8）释放鼠标左键并松开 Alt 键，即可在指定位置复制一个音频素材，如图 4-60 所示。

（9）按照步骤（7）~（8）中的方法，在视频素材中的第 2 个标记位置放置一个音频素材副本，如图 4-61 所示。

图 4-60 复制的音频素材

图 4-61 最终序列效果

（10）将播放指示器拖动到时间标尺的第 1 帧，按空格键，即可预览视频效果。

五、添加音频过渡效果

与视频过渡效果类似，音频过渡效果是指对于同一条音频轨道中相邻的两段音频，一段音频切入另一段音频的交叉过渡效果。Premiere 在"效果"面板的"音频过渡"节点下预置了 3 种音频过滤效果，默认的音频过渡效果为"恒定功率"，如图 4-62 所示。

- 恒定功率：默认的音频过渡效果，首先缓慢降低第 1 个音频素材的音量，然后快速接近音频过渡效果的结束位置；对于第 2 个音频素材，此效果首先快速提高音频素材的音量，然后更缓慢地接近音频过渡效果的结束位置。

图 4-62 预设的音频过渡效果

- 恒定增益：在音频剪辑之间过渡时，以恒定速率调节增益，有时听起来会有些生硬。
- 指数淡化：以指数方式自下而上淡化音频素材。淡出位于平滑的对数曲线上方的第 1 个音频素材，同时自下而上淡入同样位于平滑对数曲线上方的第 2 个音频素材。类似于"恒定功率"过渡效果，但是更渐变。

在"效果"面板中，将音频过渡效果拖动到两个相邻的音频素材之间，如图 4-63 所示，即可添加音频过渡效果。

图 4-63 添加音频过渡效果

> **提示**
>
> 将"交叉淡化"过渡效果添加到单个素材的入点或出点,可以实现音频的淡入或淡出效果。

音频过渡效果的持续时间默认为 1 秒。右击时间轴面板中的音频过渡效果,在弹出的快捷菜单中选择"设置过渡持续时间"命令,弹出"设置过渡持续时间"对话框,用于修改音频过渡效果的持续时间,如图 4-64 所示。

图 4-64 "设置过渡持续时间"对话框

实例——背景音乐淡入、淡出的效果

本实例通过为单个音频素材添加音频过渡效果,实现背景音乐淡入、淡出的效果。

(1)新建一个名为"背景音乐"的项目,在项目面板中导入 4 个图片素材和 1 个音频素材。

(2)将 4 个图片素材拖动到时间轴面板中,自动新建一个序列,然后将音频素材拖动到音频轨道中。按住 Shift 键,选中视频轨道中的所有图片素材并右击,在弹出的快捷菜单中选择"缩放为帧大小"命令,调整图片素材的显示尺寸。

(3)将播放指示器拖动到音频素材第 25 秒的位置,使用"剃刀工具"分割音频素材,然后选中音频素材分割点左侧的音频片段,按 Delete 键将其删除。

(4)将剩余音频片段的入点拖动到时间标尺的第 1 帧,然后将播放指示器拖动到音频素材第 44 秒的位置,使用"剃刀工具"分割音频素材,然后选中音频素材分割点右侧的音频片段,按 Delete 键将其删除。

(5)按住 Shift 键,选中视频轨道中的所有图片素材并右击,在弹出的快捷菜单中选择"速度/持续时间"命令,弹出"剪辑速度/持续时间"对话框,设置素材的持续时间为 11 秒,并且勾选"波纹剪辑,移动尾部剪辑"复选框,如图 4-65 所示。单击"确定"按钮,关闭该对话框。此时的时间轴面板如图 4-66 所示。

图 4-65 "剪辑速度/持续时间"对话框

图 4-66 时间轴面板

(6)保证所有图片素材仍处于选中状态,按 Ctrl+D 组合键,在第 1 个图片素材的起始位置、最后一个图片素材的结束位置、相邻素材之间添加默认的视频过渡效果。

(7)将播放指示器拖动到音频素材的入点,在"效果"面板中选择"音频过渡"→"交叉淡化"→"恒定功率"选项,将"恒定功率"过渡效果拖动到音频素材上,使其与音频素材的入点对齐。切换到"效果控件"面板,设置音频过渡效果的持续时间为3秒,设置对齐方式为"起点切入",如图4-67所示。

(8)将播放指示器拖动到音频素材的出点,在"效果"面板中选择"音频过渡"→"交叉淡化"→"指数淡化"选项,将"指数淡化"过渡效果拖动到音频素材上,使其与音频素材的出点对齐。切换到"效果控件"面板,设置音频过渡效果的持续时间为3秒,设置对齐方式为"终点切入",如图4-68所示。

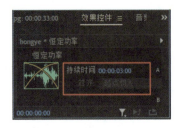   

图4-67　修改音频过渡效果的持续　　　图4-68　设置音频过渡效果的持续
　　　　　时间和对齐方式（一）　　　　　　　　　时间和对齐方式（二）

(9)在节目监视器面板中单击"播放-停止切换"按钮,即可预览最终效果。

> **提示**
>
> 如果希望自定义音频淡化的速率,则应该调整音频素材的音量关键帧图表,而不是应用音频过渡效果。

六、应用音频效果

Premiere在"效果"面板的"音频效果"节点下预设了丰富的音频效果,如图4-69所示。对音频素材应用音频效果,用户只需要进行简单的操作,就可以实现常见的音频效果,如"淡入淡出"、"摇摆"、"回声"和"混音"等。

将音频效果拖动到时间轴面板中的音频素材上,即可为指定的音频素材添加音频效果。与视频效果类似,在添加音频效果后,即可在"效果控件"面板中编辑音频效果的参数。

实例——山涧鸟鸣

图4-69　音频效果列表

本实例通过为音频素材添加"延迟"效果,模拟山涧的鸟鸣回声。

(1)新建一个名为"山谷回声"的项目,在项目面板的空白处右击,在弹出的快捷菜单中选择"新建项目"→"序列"命令,弹出"新建序列"对话框,在"序列预设"选项卡的"可用预设"列表框中选择"DV-PAL"→"标准48kHz"选项,设置"序列名称"为"回声",单击"确定"按钮,新建一个序列。

（2）在项目面板中导入一个山涧图片素材和一个鸟鸣音频素材，并且分别将其拖动到时间轴面板的视频轨道和音频轨道中。

（3）将鼠标指针移动到图片素材的出点，当鼠标指针显示为 时，按住鼠标左键并拖动鼠标，在音频素材的出点释放鼠标左键，如图4-70所示。

（4）打开"效果"面板，在顶部的搜索框中输入"延迟"，然后将"延迟与回声"节点下的"延迟"效果拖动到音频素材上。

（5）选中时间轴面板中的音频素材，在"效果控件"面板中的"延迟"节点下，设置"延迟"为"2.000秒"、"反馈"为"35.0%"、"混合"为"30.0%"，如图4-71所示。

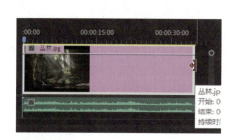

图4-70 分割视频素材

图4-71 "延迟"效果的参数设置

（6）将播放指示器拖动到时间标尺的第1帧，然后按空格键，即可预览最终效果。

七、音轨混合器

在编辑音频素材时，可以使用一个很强大的音频编辑工具——音轨混合器。使用音轨混合器可以对混合效果进行实时更改。混合是指对序列中的音轨进行混合和调整。

在工作区面板中单击"音频"按钮，切换为"音频"工作区布局，即可看到音轨混合器，如图4-72所示。

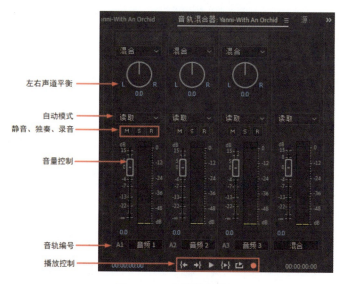

图4-72 音轨混合器

提示

Premiere 在"音频"工作区布局中还提供了音频剪辑混合器。音频剪辑混合器主要用于调整音频轨道中的音频剪辑，音轨混合器主要用于调整音频轨道，在实际应用中，通常会配合使用这两个工具，创建混音效果。

- 左右声道平衡：可以使用圆盘控件控制左、右声道。按住鼠标左键并拖动声像旋钮上的平衡控件，可以控制左、右声道，如图 4-73 所示。在声像旋钮下方的数值栏中输入数值，也可以控制左、右声道，如图 4-74 所示。

图 4-73　拖动平衡控件

图 4-74　输入数值

- 自动模式：可以在该下拉列表中选择音频控制模式，如图 4-75 所示。
  - 关：表示衰减器忽略回放期音频的轨道设置和现有的轨道关键帧，在这种情况下，可以使用衰减器和声像旋钮对整个轨道进行调整，不会记录更改。
  - 读取：默认的自动模式，使用轨道关键帧控制回放。如果某个轨道中没有关键帧，那么对音量的更改会影响整条轨道。
  - 闭锁：除非调整某个属性，否则不会进行自动处理。在进行调整后，会添加新的关键帧。在停止调整后，衰减效果会采用最后一次的设置。
  - 触动：与"闭锁"类似，除非调整某个属性，否则不会进行自动处理。在进行调整后，会添加新的关键帧。在停止调整后，衰减器会重新采用现有关键帧。
  - 写入：衰减器忽略现有关键帧，并且始终记录音频回放期间的音量设置和创建的关键帧。这种模式便于在开始播放前设置起始音量。

图 4-75　"自动模式"下拉列表

- 静音、独奏、录音：单击静音轨道按钮 M，可以将所选音频轨道中的音频素材设置为静音效果。单击独奏轨道按钮 M，可以将其他音频轨道中的音频素材设置为静音效果，仅播放所选音频轨道中的音频素材。单击录音按钮 R，可以直接录制来自麦克风的音频，并且将其添加到序列轨道中。
- 音量控制：上下拖动衰减器，可以调节音量的大小。旁边的刻度是以 dB 为单位的音量表。
- 音轨编号：对应时间轴面板中的各个音频轨道。
- 播放控制：包括"转到入点"按钮、"转到出点"按钮、"播放-停止切换"按钮、"从入点播放到出点"按钮、"循环"按钮和"录制"按钮。

项目总结

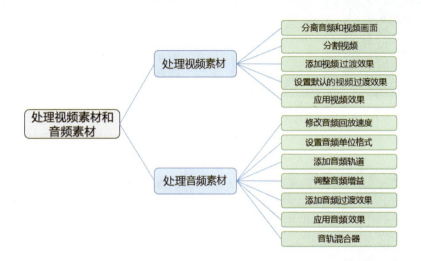

项目实战

实战1：桌面屏保

本实战主要模拟桌面屏保，应用"边角定位"效果，将视频定位到图片素材中的显示器中，使视频素材看起来像在显示器中播放一样。

（1）新建一个名为"桌面屏保"的项目，在项目面板的空白处右击，在弹出的快捷菜单中选择"新建项目"→"序列"命令，弹出"新建序列"对话框，在"序列预设"选项卡的"可用预设"列表框中选择"DV-PAL"→"标准48kHz"选项，设置"序列名称"为"屏保"，单击"确定"按钮，新建一个序列。

（2）在项目面板中导入一个显示器图片素材及一段水族箱的视频剪辑，将其分别拖动到时间轴面板的两个视频轨道中，调整两个素材的持续时间，使其保持一致，如图4-76所示。

（3）按住Shift键，选中两个素材并右击，在弹出的快捷菜单中选择"缩放为帧大小"命令。此时，节目监视器面板中的画面效果如图4-77所示。

（4）在时间轴面板中选中视频素材，打开"效果"面板，将"视频效果"→"扭曲"→"边角定位"效果拖动到视频素材上，添加视频效果。

（5）切换到"效果控件"面板，在"边角定位"节点下分别设置素材"左上"、"右上"、"左下"和"右下"的位置，如图4-78所示。此时，节目监视器面板中的画面效果如图4-79所示。

图 4-76　在序列中添加素材

图 4-77　初始画面效果

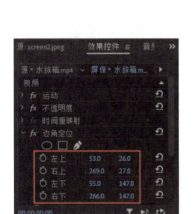

图 4-78　"边角定位"效果的参数设置

图 4-79　裁剪后的画面效果

（6）在节目监视器面板中单击"播放 – 停止切换"按钮▶，即可预览应用视频效果后的画面效果，其中 3 帧画面效果如图 4-80 所示。

图 4-80　预览应用视频效果后的画面效果

实战 2：山雨欲来

本实战利用"光照效果"和"闪电"效果模拟山雨欲来的场景。

（1）新建一个名为"山雨欲来"的项目，在项目面板中导入一个山居图片素材，如图 4-81 所示，将其拖动到时间轴面板中，自动新建一个序列。

（2）在"效果"面板中搜索"光照"，然后选中"调整"节点下的"光照效果"，如图 4-82 所示。

图4-81 原始素材　　　　　　　　图4-82 选中"光照效果"

（3）将"光照效果"拖动到素材上，然后打开"效果控件"面板，在"光照效果"节点下设置光照颜色、中央位置和角度，如图4-83所示。此时，节目监视器面板中的画面效果如图4-84所示。

图4-83 "光照效果"的参数设置（一）　　图4-84 应用"光照效果"后的画面效果

（4）在"效果控件"面板中，设置光照强度和环境光照强度，如图4-85所示。此时的画面效果如图4-86所示。

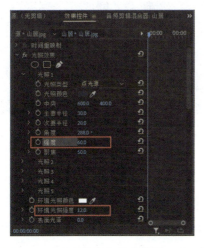

图4-85 "光照效果"的参数设置（二）　　图4-86 画面效果

（5）在"效果"面板中搜索"闪电"，选中"生成"节点下的"闪电"效果，如图 4-87 所示。然后将"闪电"效果拖动到素材上，在"效果控件"面板中的"闪电"节点下设置起始点、结束点、分支、再分支和宽度变化，如图 4-88 所示。

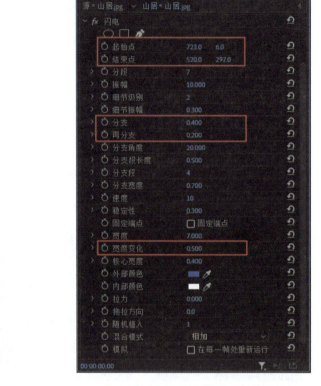

图 4-87 选中"闪电"效果　　　　图 4-88 "闪电"效果的参数设置

（6）将播放指示器拖动到时间标尺的第 1 帧，按空格键，即可预览闪电效果，如图 4-89 所示。

图 4-89 预览闪电效果

实战 3：交响乐效果

本实战会对一首普通的音乐应用"卷积混响"效果，从而模拟交响乐效果。

（1）新建一个名为"交响乐"的项目，在项目面板中导入一个音乐厅图片素材和一个纯音乐音频素材。

（2）将音频素材拖动到时间轴面板中，自动新建一个序列。然后在"效果"面板中找到"卷积混响"效果，如图 4-90 所示。

图 4-90　选择"卷积混响"效果

（3）将"卷积混响"效果拖动到音频素材上，然后在"效果控件"面板中单击"自定义设置"选项右侧的"编辑"按钮，如图 4-91 所示。

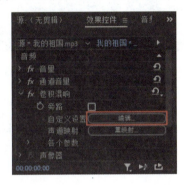

图 4-91　单击"编辑"按钮

（4）在弹出的"剪辑效果编辑器"对话框中，设置"预设"为"虚幻会议室"，如图 4-92 所示。

（5）单击节目监视器面板中的"播放-停止切换"按钮▶回放音乐，并且根据需要，在"剪辑效果编辑器"对话框中调整相应的参数，如图 4-93 所示。

图 4-92　设置"预设"为"虚幻会议室"

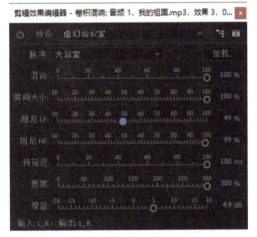

图 4-93　调整相应的参数

（6）在"脉冲"下拉列表中选择"巨大空洞"选项，并且根据音乐效果调整相应的参数，如图4-94所示。在调整完毕后，关闭"剪辑效果编辑器"对话框。

（7）在项目面板中，将图片素材拖动到时间轴面板的视频轨道中，调整持续时间，使其与音频素材的持续时间相同，如图4-95所示。

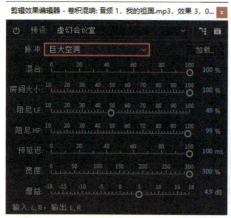

图4-94 设置"脉冲"为"巨大空洞"并调整相应的参数

图4-95 添加视频画面

（8）将播放指示器拖动到时间标尺的第1帧，按空格键，即可试听音乐效果。

项目 5

制作字幕

思政目标

➢ 勤于思考,理论联系实际,应用所学知识解决实际问题。
➢ 树立长远发展的目标,培养举一反三、触类旁通的学习能力。

技能目标

➢ 能够使用预设字幕和文字工具添加、编辑字幕。
➢ 能够创建滚动字幕和沿指定路径排列的字幕。
➢ 能够创建简单的开放式字幕。

项目导读

　　字幕是影视制作中一种很重要的信息表现方式,是指以文字形式显示在电影银幕或电视机屏幕下方的说明性文字,也泛指影视作品后期加工的文字,如影片的片名、演职员表、唱词、对白、人物介绍、地名和年代等。字幕可以准确、直观地传递作品信息,是视频内容表达和画面构成的一个重要视觉元素,也是视频画面和声音的补充。

　　Premiere 提供了强大的字幕编辑功能,不仅可以使用多种文字工具创建字幕,还可以在参数设置面板中修改字幕的效果。本项目主要介绍字幕的创建与编辑方法,并且为文字设置动画,制作动态的字幕效果。

任务 1　创建标题字幕

任务引入

在编排好视频画面和音频效果后，李想迫不及待地邀请舍友欣赏。舍友不仅点赞李想精彩的创意和他好学、肯钻研的学习精神，还提出了他的看法。他觉得有些画面表情达意不够明确，建议李想在画面中添加文字说明，使画面更丰满、美观，并且增强作品的可读性。

李想虚心接受了舍友的建议。那么，Premiere Pro 2022 提供了哪些编辑文字的工具呢？如果要创建常见的滚动字幕和沿指定路径排列的字幕，那么应该如何操作呢？

知识准备

标题字幕主要包括片头字幕、注解和说明、过渡性字幕及片尾字幕，可以直观地说明影视作品的创作团队、故事背景等，是影视作品中不可或缺的字幕类型。标题字幕的特点主要有以下几点。

- 一般没有人声，不需要跟人声对位。
- 位置通常不固定，可以根据需要自由创作。
- 可以是静态字幕，也可以是动态的滚动字幕或特效字幕。
- 将标题字幕嵌入视频，使其与视频融为一体。

一、应用预设字幕

Premiere 预设了一些字幕模板，直接调用即可创建精美的字幕。

（1）在菜单栏中选择"窗口"→"基本图形"命令，在打开的"基本图形"面板中可以看到预设的字幕和图形对象，如图 5-1 所示。

（2）在"浏览"选项卡中，将所需的预设字幕拖动到时间轴面板的视频轨道中，即可加载动态图形模板。

（3）在动态图形模板加载完成后，即可在节目监视器面板中查看预设字幕的效果，如图 5-2 所示。

（4）在工具面板中选择"文字工具" **T**，然后在要修改的文字上单击，即可在显示的文本框中修改字幕内容，如图 5-3 所示。修改字幕内容后的效果如图 5-4 所示。

（5）切换到"编辑"选项卡，可以很方便地修改预设字幕的文本内容和样式，以及修改动画速度和隐藏背景。

项目 5　制作字幕

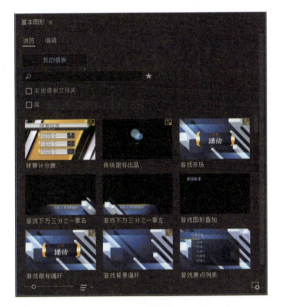

图 5-1　"基本图形"面板

图 5-2　查看预设字幕的效果

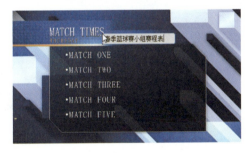

图 5-3　修改字幕内容

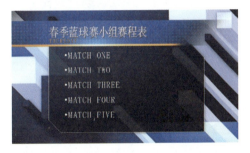

图 5-4　修改字幕内容后的效果

二、使用文字工具制作字幕

Premiere 在工具面板中提供了"文字工具"，利用该工具可以直接在节目监视器面板中创建横排字幕和竖排字幕。

● 实例——产品介绍

本实例主要利用"文字工具"创建横排字幕，在"效果控件"面板中设置文本属性，用于修饰文字，并且通过修改不透明度和旋转角度，实现字幕淡出的效果。

（1）使用默认参数新建一个项目"产品介绍.prproj"。在项目面板中导入 4 个图片素材，并且将这 4 个图片素材拖动到时间轴面板中，会自动生成序列。

（2）按住 Shift 键，选中序列中的所有图片素材并右击，在弹出的快捷菜单中选择"缩放为帧大小"命令，然后按 Shift+D 组合键，为选中的素材应用默认的视频过渡效果，此时的序列如图 5-5 所示。

（3）将播放指示器拖动到第 1 个素材视频过渡效果的结束位置，在工具面板中选择"文字工具"，然后在节目监视器面板中单击，添加一个具有红色边线的文本框，在文本框中输入文本"花瓶摆件",输入的文本默认显示为白色,如图5-6所示。

图5-5 装配的序列

图5-6 输入文本

(4)在工具面板中切换到"选择工具" ,选中时间轴面板中创建的字幕素材,将鼠标指针移动到字幕素材的出点,当鼠标指针显示为向左的边缘图标 时,按住鼠标左键并拖动鼠标,调整字幕素材的持续时间,如图5-7所示。

(5)在"效果控件"面板中展开"文本"→"源文本"节点,设置文本的字体、字号、填充颜色、描边颜色和描边大小等,并且勾选"阴影"复选框,然后在节目监视器面板中调整字幕的位置,如图5-8所示。

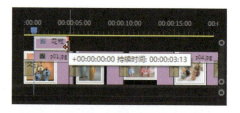

图5-7 调整字幕素材的持续时间

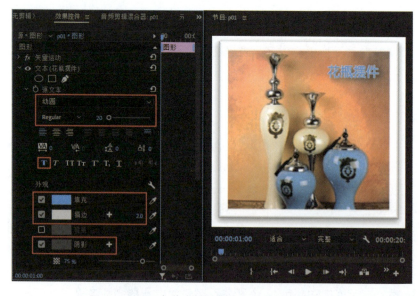

图5-8 设置字幕素材的文本参数并调整其位置

（6）将播放指示器拖动到第 2 个图片素材视频过渡效果的结束位置，按住 Alt 键，将字幕素材拖动到播放指示器所在的位置，复制字幕。然后在节目监视器面板中双击字幕素材，修改字幕内容，并且移动字幕到合适的位置，如图 5-9 所示。此时的序列效果如图 5-10 所示。

图 5-9　修改字幕内容并调整其位置

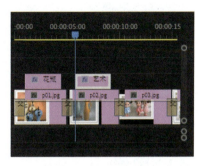

图 5-10　序列效果

（7）按照步骤（6）中的方法，制作另外两个图片素材的字幕，如图 5-11 所示。

图 5-11　制作另外两个图片素材的字幕

（8）在节目监视器面板中单击"转到入点"按钮，然后单击"播放-停止切换"按钮，即可预览字幕效果。

三、使用旧版标题功能

旧版标题功能延续了 Premiere 早期版本创建视频字幕的功能，不仅可以创建文字，还可以创建形状和线段，适合用于制作内容简短或具有文字效果的字幕。

（1）在菜单栏中选择"文件"→"新建"→"旧版标题"命令，弹出"新建字幕"对话框，如图 5-12 所示。

（2）根据需要设置视频的宽度、高度、时基和像素长宽比，然后输入字幕名称。

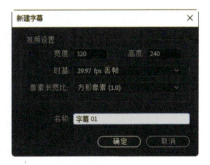

图 5-12　"新建字幕"对话框

注意

字幕素材的帧速率应与要使用该素材的序列的帧速率匹配。

（3）单击"确定"按钮，关闭该对话框，同时弹出字幕设计对话框，如图5-13所示。

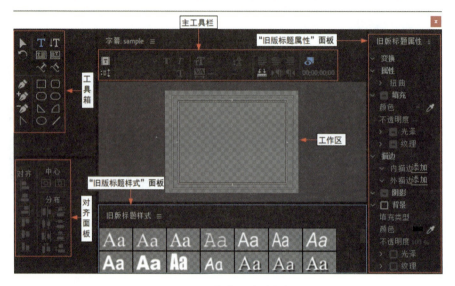

图5-13 字幕设计对话框

下面简要介绍字幕设计对话框中各部分的主要用途。

- 主工具栏：主要用于基于当前字幕创建静态或滚动文字，以及设置文字的字体、字号、对齐方式等。
- 工具箱：包含选择文字、制作文字、编辑文字和绘制图形的基本工具。
- 对齐面板：主要用于设置字幕或形状的对齐与分布方式。
- 工作区：主要用于编辑文本内容或创建图形对象。
- "旧版标题属性"面板：主要用于转换文字或图形对象，以及设置样式。
- "旧版标题样式"面板：主要用于对文字或图形对象应用预设样式或自定义样式。

（4）使用工具箱中的"文字工具" T 或"垂直文字工具" IT 在工作区中单击，插入光标并输入文本，并且使用绘图工具绘制图形，如图5-14所示。

图5-14 在工作区中输入文本和绘制图形

（5）选中文本，在主工具栏中设置文本的属性，如图 5-15 所示。也可以在"旧版标题属性"面板中设置文本和图形的属性。

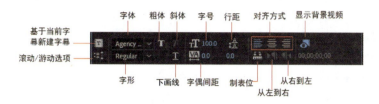

图 5-15　主工具栏

（6）如果不希望逐个设置文本或图形的属性，则可以直接应用预设样式。Premiere 在"旧版标题样式"面板中提供了常见的预设样式，在预设样式列表中选择所需的预设样式即可，如图 5-16 所示。

预设样式列表中的预设样式不仅可以应用于文字，还可以应用于图形。例如，文字应用预设样式列表中最后一行第 3 列的样式，图形应用预设样式列表中最后一行第 7 列的样式，效果如图 5-17 所示。

图 5-16　预设样式列表

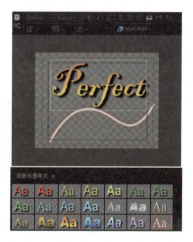

图 5-17　应用预设样式的示例效果

（7）如果字幕中包含多个文本框或图形，那么利用"对齐"面板中的功能按钮，可以很方便地对齐或分布对象。

（8）在字幕制作完成后，单击字幕设计对话框右上角的"关闭"按钮 ，此时，在项目面板中可以看到创建的字幕，如图 5-18 所示。

（9）在项目面板中选中创建的字幕，然后将字幕拖动到时间轴面板的视频轨道中，即可在序列中添加字幕。在节目监视器面板中可以预览字幕效果。

如果要修改已制作的字幕，那么双击字幕素材，即可重新打开字幕设计对话框，对字幕进行修改。在修改完成后，关闭字幕设计对话框，可以自动保存修改后的字幕。

图 5-18　创建的字幕

实例——咖啡鉴赏

本实例使用旧版标题功能为不同种类的咖啡图片添加滚动字幕和静态说明文本,然后通过添加视频过渡效果,实现动态的视频效果。

(1)使用默认参数新建一个项目"咖啡鉴赏.prproj",在项目面板中导入2个背景图片素材和4个咖啡图片素材,并且将2个背景图片素材拖动到时间轴面板中,自动新建一个序列,然后将4个咖啡图片素材拖动到时间轴面板的视频轨道V2中,如图5-19所示。

图 5-19　将素材拖动到视频轨道中

(2)选中第2个背景图片素材,将鼠标指针移动到素材的出点,当鼠标指针显示为向左的边缘图标 时,按住鼠标左键并拖动鼠标,调整素材的持续时间,使两条视频轨道中素材的出点相同,如图5-20所示。

图 5-20　调整第2个背景图片素材的持续时间

在装配好序列后,接下来使用字幕设计对话框创建字幕。

(3)在菜单栏中选择"文件"→"新建"→"旧版标题"命令,弹出"新建字幕"对话框,设置字幕名称为"title",其他参数采用默认设置,然后单击"确定"按钮,关闭该对话框,同时弹出字幕设计对话框。

(4)在工具箱中选择"文字工具" ,然后在工作区中单击并输入文本"咖啡鉴赏"。切换到"选择工具" ,选中输入的文本,在"旧版标题属性"面板中的"属性"节点下设置文本的字体系列、字体样式、字体大小和字偶间距;勾选"填充"复选框,并且在该节点下设置填充类型和填充颜色;在"描边"节点下设置外描边样式;勾选"阴影"复选框,并且在该节点下设置阴影颜色为黑色,如图5-21所示。

(5)在工具箱中选择"钢笔工具" ,在文本的下方绘制一条曲线,曲线样式默认与文本样式相同。在"旧版标题样式"面板的预设样式列表中选择所需的预设样式,使曲线应用所需的预设样式,如图5-22所示。

项目 5　制作字幕

图 5-21　添加文本并设置其属性（一）

（6）关闭字幕设计对话框，将创建的 title 字幕从项目面板中拖动到时间轴面板的视频轨道 V2 中，放置在第 1 个咖啡图片素材的左侧，然后在节目监视器面板中调整 title 字幕的位置，如图 5-23 所示。

图 5-22　绘制曲线并应用预设样式

图 5-23　将 title 字幕拖动到视频轨道 V2 中并调整其位置

（7）在菜单栏中选择"文件"→"新建"→"旧版标题"命令，弹出"新建字幕"

105

对话框,设置字幕名称为"c1",其他参数采用默认设置,然后单击"确定"按钮,关闭该对话框,同时弹出字幕设计对话框。使用工具箱中的"文字工具" T 在工作区中输入文本内容,然后设置文本的属性,如图 5-24 所示。

图 5-24 添加文本并设置其属性(二)

(8)在主工具栏中单击"滚动/游动选项"按钮,弹出"滚动/游动选项"对话框,设置"字幕类型"为"向左游动",然后勾选"定时(帧)"选区中的"开始于屏幕外"复选框和"结束于屏幕外"复选框,如图 5-25 所示。在参数设置完成后,单击"确定"按钮,关闭该对话框,然后关闭字幕设计对话框。

(9)在菜单栏中选择"文件"→"新建"→"旧版标题"命令,弹出"新建字幕"对话框,设置字幕名称为"c2",其他参数采用默认设置,然后单击"确定"按钮,关闭该对话框,同时弹出字幕设计对话框。使用工具箱中的"区域文字工具"在工作区中输入文本内容,然后设置文本的属性,如图 5-26 所示。

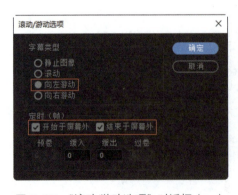

图 5-25 "滚动/游动选项"对话框(一)

图 5-26 添加区域文本并设置其属性

(10)在主工具栏中单击"滚动/游动选项"按钮,弹出"滚动/游动选项"对话框,设置"字幕类型"为"滚动",然后勾选"定时(帧)"选区中的"开始于屏幕外"复选框和"结束于屏幕外"复选框,如图 5-27 所示。在参数设置完成后,单击"确定"按钮,关闭该对话框,然后关闭字幕设计对话框。

图 5-27 "滚动/游动选项"对话框(二)

 提示

"滚动"类型的字幕默认沿垂直方向自下向上滚动。

(11)在菜单栏中选择"文件"→"新建"→"旧版标题"命令,弹出"新建字幕"对话框,设置字幕名称为"c3",其他参数采用默认设置,然后单击"确定"按钮,关闭该对话框,同时弹出字幕设计对话框。使用工具箱中的"垂直区域文字工具" 在工作区中输入文本内容,然后设置文本的属性,如图 5-28 所示。

图 5-28 添加垂直区域文本并设置其属性(一)

(12)在主工具栏中单击"滚动/游动选项"按钮 ,弹出"滚动/游动选项"对话框,设置"字幕类型"为"向右游动",然后勾选"定时(帧)"选区中的"开始于屏幕外"复选框和"结束于屏幕外"复选框,如图 5-29 所示。在参数设置完成后,单击"确定"按钮,关闭该对话框,然后关闭字幕设计对话框。

(13)在菜单栏中选择"文件"→"新建"→"旧版标题"命令,弹出"新建字幕"对话框,设置字幕名称为"c4",其他参数采用默认设置,然后单击"确定"按钮,关闭该对话框,同时弹出字幕设计对话框。使用工具箱中的"垂直区域文字工具" 在工作区中输入文本内容,然后设置文本的属性,如图 5-30 所示。该字幕默认为静止文本。

图 5-29 "滚动/游动选项"对话框(三)　　图 5-30 添加垂直区域文本并设置其属性(二)

(14)在项目面板中将创建的 C1~C4 字幕拖动到时间轴面板的视频轨道 V3 中的合适位置,并且调整其持续时间,如图 5-31 所示。

图 5-31 将 C1~C4 字幕拖动到视频轨道 V3 中的合适位置并调整其持续时间

接下来使用"文字工具" T 在节目监视器面板中为素材添加说明文本。

(15)将播放指示器拖动到第 1 个咖啡图片素材的入点,在工具面板中选择"文字工具" T,在节目监视器面板中单击并输入素材说明文本,然后打开"效果控件"面板,设置素材说明文本的字体、字形、字号和填充颜色,如图 5-32 所示。

图 5-32 添加素材说明文本并设置其属性

（16）按照步骤（15）中的方法，为其他咖啡图片素材添加说明文本，此时的时间轴面板如图 5-33 所示。

图 5-33 时间轴面板

 提示

为保证素材说明文本的位置和属性一致，可以复制自动生成的字幕素材，然后进行修改。

接下来为素材添加视频过渡效果。

（17）使用鼠标框选除背景图片素材和 title 字幕素材外的其他素材，按 Ctrl+D 组合键，应用默认的视频过渡效果，如图 5-34 所示。

图 5-34 应用默认的视频过渡效果

（18）在"效果"面板中，将"交叉缩放"效果拖动到第 1 个背景图片素材的入点，将"叠加溶解"效果拖动到两个背景图片素材之间。

（19）将 title 字幕素材的入点调整到第 1 个背景图片素材视频过渡效果的结束位置，然后在"效果"面板中，将"内滑"效果拖动到 title 字幕素材的入点。

（20）将"视频效果"→"风格化"→"Alpha 发光"效果拖动到 title 字幕素材上，打开"效果控件"面板，在素材的入点设置发光强度、起始颜色和结束颜色，然后单击相应属性左侧的"切换动画"按钮 ，添加属性关键帧，如图 5-35 所示。

（21）将播放指示器拖动到视频过渡效果的结束位置，在"效果控件"面板中修改起始颜色，如图 5-36 所示。

（22）将播放指示器拖动到合适的位置，在"效果控件"面板中修改发光强度，如图 5-37 所示。

（23）将播放指示器拖动到序列的起始位置，按空格键，即可预览字幕效果，如图 5-38 所示。

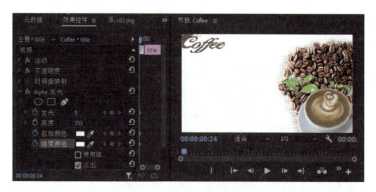

图 5-35 添加初始关键帧

图 5-36 添加属性关键帧

图 5-37 添加结束关键帧

图 5-38 预览字幕效果

实例——心形字幕

本实例使用字幕设计对话框中的"路径文字工具" 创建沿指定路径排列的字幕，实现奇妙的字幕效果。

（1）使用默认参数新建一个项目"路径字幕.prproj"，在项目面板中导入一个背景图片素材，并且将该背景图片素材拖动到时间轴面板中，自动新建一个序列。

（2）在菜单栏中选择"文件"→"新建"→"旧版标题"命令，弹出"新建字幕"对话框，设置字幕名称为"text"，其他参数采用默认设置，如图 5-39 所示，然后单击"确定"按钮，关闭该对话框，同时弹出字幕设计对话框。

图 5-39 "新建字幕"对话框

（3）在工具箱中选择"路径文字工具" ，在工作区中绘制一条路径，如图 5-40 所示。

（4）切换到"文字工具" ，单击路径，输入文字"丽影缤纷迎暖日 红妆窈窕绽芳丛"，设置字体为"隶书"，可以看到输入的文字沿指定的路径排列，如图 5-41 所示。

图 5-40 绘制路径

图 5-41 文字沿指定的路径排列

（5）在"旧版标题属性"面板中，勾选"填充"复选框，并且在该节点下设置文字的填充类型、高光颜色和阴影颜色；勾选"阴影"复选框，并且在该节点下设置阴影颜色、不透明度、角度和距离，如图 5-42 所示。

（6）关闭字幕设计对话框，在项目面板中将 text 字幕拖动到时间轴面板的视频轨道 V2 中，即可在节目监视器面板中预览字幕效果，如图 5-43 所示。

图 5-42　设置文字属性　　　　　　　　图 5-43　预览字幕效果

任务 2　制作开放式字幕

任务引入

放假在家，李想看到上小学的侄子在背唐诗，因为不理解诗意，所以只能死记硬背。李想灵机一动，可以给小侄子做一个诗配画的视频啊！诗文动画、诵读音频配上同步的字幕，肯定能帮他有效地理解和背诵。

李想立即着手构思、收集素材。在编排素材的过程中，李想有了新的想法，他想将诗文内容制作成影视剧对白字幕的效果。此外，他希望制作的字幕不仅可以应用于当前项目，还可以在导出后应用于其他项目。在 Premiere 中，怎样制作对白字幕并设置字幕的文本样式呢？如何导出字幕和文本样式呢？

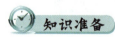 知识准备

开放式字幕又称为对白字幕，是演员或采访对象说的话的文字表现，一般位于屏幕下方，文字颜色通常为白色。影视作品中制作的开放式字幕，要求声画同步，并且力求准确，不能出现错别字。

Premiere Pro 2022支持创建开放式字幕,并且可以直接导入XML和SRT格式的字幕。

一、添加字幕

在Premiere Pro 2022中,在"文本"面板的"字幕"选项卡中可以很方便地创建和编辑字幕。

(1)在菜单栏中选择"窗口"→"文本"命令,打开"文本"面板。"文本"面板中包括"转录文本"选项卡和"字幕"选项卡,如图5-44所示。

(2)在"字幕"选项卡中,单击"创建新字幕轨"按钮,弹出"新字幕轨道"对话框,在"格式"下拉列表中选择"EBU字幕"选项,如图5-45所示。

图5-44 "文本"面板

图5-45 "新字幕轨道"对话框

(3)单击"确定"按钮,即可在时间轴面板中创建"EBU-字幕"轨道,并且"字幕轨道选项"按钮 CC 处于可用状态,如图5-46所示。

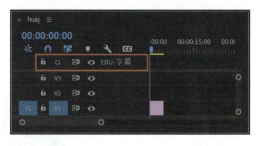

图5-46 创建"EBU-字幕"轨道

(4)将播放指示器拖动到要添加字幕的位置,然后单击"字幕"选项卡中的 按钮,在弹出的下拉菜单中选择"添加新字幕分段"命令,如图5-47所示,即可在"字幕"选项卡中添加一条空白字幕,如图5-48所示。

此时,在时间轴面板的字幕轨道中,也可以看到新建的字幕,如图5-49所示。

(5)双击"字幕"选项卡中的字幕内容区域,即可编辑字幕内容,如图5-50所示。

图 5-47 选择"添加新字幕分段"命令

图 5-48 添加空白字幕

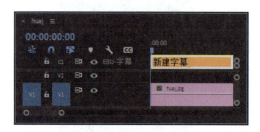

图 5-49 新建的字幕

图 5-50 编辑字幕内容

（6）系统默认的字幕持续时间为 3s，在字幕轨道中，将鼠标指针移动到字幕的入点或出点，当鼠标指针显示为 ▶ 或 ◀ 时，按住鼠标左键并拖动鼠标，可以修改字幕的持续时间，如图 5-51 所示。

（7）将播放指示器拖动到其他要插入字幕的位置，重复步骤（4）～（6），即可创建其他字幕。如果要在指定的字幕之前或之后插入字幕，那么在"字幕"选项卡中右击指定的字幕，在弹出的快捷菜单中选择"在之前添加字幕"或"在之后添加字幕"命令，如图 5-52 所示。

图 5-51 修改字幕的持续时间

图 5-52 快捷菜单

(8)如果要删除某条字幕,那么在"字幕"选项卡中右击要删除的字幕,在图5-52中的快捷菜单中选择"删除文本块"命令。

二、修改字幕的文本样式

创建的字幕默认以白色宋体显示,在"基本图形"面板中可以很方便地修改字幕的文本样式。

(1)双击字幕轨道中的一条字幕,打开"基本图形"面板,切换到"编辑"选项卡,用于设置字幕的文本样式,如图5-53所示。

(2)在"文本"选区中,可以设置文本的水平对齐方式、垂直对齐方式、高度和字距。

(3)"对齐并变换"选区如图5-54所示,单击"设置字幕块位置"图标中的小方格,可以修改字幕在画面中的显示位置,每个小方格代表屏幕中的一个位置,默认为底部居中显示;将鼠标指针移动到图标右侧的数值上,按住鼠标左键并拖动鼠标,可以分别微调字幕在画面中的水平位置和垂直位置;采用类似的方法,可以调整字幕文本框的大小。

图5-53 "编辑"选项卡

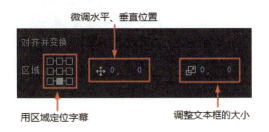

图5-54 "对齐并变换"选区

(4)在设置完一条字幕的文本样式后,如果要将该文本样式应用于轨道中的所有字幕,那么单击"轨道样式"下拉列表右侧的"推送至轨道或样式"按钮,弹出"推送样式属性"对话框,如图5-55所示。单击"确定"按钮,关闭该对话框。

(5)如果要将设置的文本样式导出,应用于其他项目,那么在"轨道样式"下拉列表框中选择"创建样式"选项,弹出"新建文本样式"对话框,如图5-56所示,在输入样式名称后,单击"确定"按钮,关闭该对话框。此时,在项目面板中可以看到创建的文本样式,如图5-57所示。

图 5-55 "推送样式属性"对话框　　图 5-56 "新建文本样式"对话框　　图 5-57 创建的文本样式

实例——创建竖排字幕

本实例主要演示创建开放式字幕、修改字幕文本样式的操作方法。

（1）新建一个项目"字幕.prproj"，在项目面板中导入两个图片素材，将这两个图片素材拖动到时间轴面板中，新建一个序列，然后右击第 2 个图片素材，在弹出的快捷菜单中选择"缩放为帧大小"命令。

（2）按住 Shift 键，选中序列中的所有素材，然后按 Ctrl+D 组合键，在第 1 个图片素材入点、第 2 个图片素材出点及两个图片素材之间应用默认的视频过渡效果，如图 5-58 所示。

图 5-58　装配序列并应用视频过渡效果

（3）打开"文本"面板，切换到"字幕"选项卡，然后单击"创建新字幕轨"按钮，弹出"新字幕轨道"对话框，在"格式"下拉列表中选择"EBU 字幕"选项，单击"确定"按钮，即可在时间轴面板中创建"EBU-字幕"轨道。

（4）将播放指示器拖动到第 1 个图片素材视频过渡效果的结束位置，然后单击"字幕"选项卡中的按钮，在弹出的下拉菜单中选择"添加新字幕分段"命令，即可在"字幕"选项卡中添加一个空白字幕，默认内容为"新建字幕"。

（5）双击字幕内容区域，将字幕内容修改为"水清香自远，心静花自开"，如图 5-59 所示。

此时，在节目监视器面板中可以看到创建的字幕效果，如图 5-60 所示。

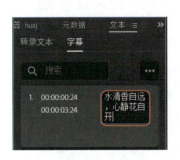

图 5-59 修改字幕内容

图 5-60 创建的字幕效果

在图 5-60 中，默认的字幕文本样式不够醒目，接下来修改字幕的文本样式。

（6）双击字幕轨道中的字幕，打开"基本图形"面板，切换到"编辑"选项卡，设置"显示字体"为"幼圆"、"填充"的颜色为青色、"高度"为"加倍"，然后在"对齐并变换"选区中设置字幕的区域位置为右侧居中，通过调整文本框的大小使文本竖排，最后微调字幕位置，如图 5-61 所示。此时，在节目监视器面板中可以看到修改字幕文本样式后的画面效果，如图 5-62 所示。

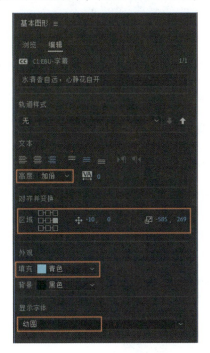

图 5-61 设置字幕文本样式

图 5-62 修改字幕文本样式后的画面效果

（7）将鼠标指针移动到字幕的出点，当鼠标指针显示为 ◀ 时，按住鼠标左键并拖动鼠标，在两个图片素材的交接处释放鼠标左键，调整字幕的持续时间，如图 5-63 所示。

（8）在第 1 条字幕上右击，在弹出的快捷菜单中选择"在之后添加字幕"命令，如图 5-64 所示。

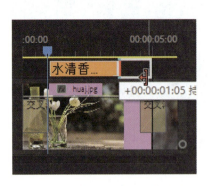

图 5-63　调整字幕的持续时间　　　　图 5-64　选择"在之后添加字幕"命令

（9）将字幕内容修改为"面朝大海，春暖花开"，如图 5-65 所示。

此时，将播放指示器拖动到第 2 条字幕的入点，在节目监视器面板中可以看到字幕效果，如图 5-66 所示。

图 5-65　修改字幕内容　　　　图 5-66　第 2 条字幕的效果（一）

（10）将鼠标指针移动到第 2 条字幕的入点，当鼠标指针显示为 时，按住鼠标左键并拖动鼠标，在两个图片素材之间的视频过渡效果的结束位置释放鼠标左键，如图 5-67 所示。采用同样的方法，将第 2 条字幕的出点调整为最后一个视频过渡效果的开始位置。

图 5-67　调整第 2 条字幕的入点

接下来修改第 2 条字幕的文本样式。

（11）在字幕轨道中选中第 1 条字幕，然后在"基本图形"面板的"编辑"选项卡中单击"轨道样式"下拉列表右侧的"推送至轨道或样式"按钮 ，弹出"推送样式属性"

对话框，单击"确定"按钮，关闭该对话框。

此时，将播放指示器拖动到第 2 个图片素材的位置，可以看到字幕的字体、填充颜色和高度发生了变化，与第 1 条字幕的字体、填充颜色和高度一致，但区域位置没有发生变化，如图 5-68 所示。

图 5-68 第 2 条字幕的效果（二）

（12）在字幕轨道中选中第 2 条字幕，然后在"基本图形"面板的"编辑"选项卡中设置字幕的区域位置，如图 5-69 所示。修改后的字幕效果如图 5-70 所示。

图 5-69 设置字幕的区域位置

图 5-70 修改后的字幕效果

（13）在节目监视器面板中单击"转到入点"按钮 ，然后按空格键，即可预览字幕效果。

三、导出字幕和文本样式

1. 导出字幕

如果要将创建的字幕导出为字幕素材，并且将其应用于其他项目或软件中，则可以执行以下操作。

（1）在"文本"面板的"字幕"选项卡中单击右上角的■■■按钮，在弹出的下拉菜单中选择导出文件的类型，如图 5-71 所示。其中，SRT 文件是一种字幕文件，可以使用记事本打开。

（2）在弹出的"另存为"对话框中，指定字幕文件的存储路径和名称，然后单击"保存"按钮，即可将字幕在指定位置导出为指定类型的文件。

（3）在指定路径下，可以使用记事本程序打开导出的字幕文件。例如，SRT 格式的字幕文件如图 5-72 所示，可以看到这种格式的字幕文件比较规范、简单，文件内容采用一条时间代码加上一条字幕的形式，制作和修改都很方便。

图 5-71 选择导出文件的类型

图 5-72 SRT 格式的字幕文件

2. 导出文本样式

如果要将创建的字幕文本样式应用于其他项目，则可以将其导出为文本样式文件。

（1）打开包含字幕文本样式的项目，在项目面板中的文本样式文件上右击，在弹出的快捷菜单中选择"导出文本样式"命令，如图 5-73 所示。

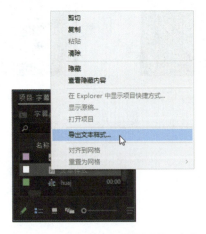
图 5-73 选择"导出文本样式"命令

（2）在弹出的"导出文本样式"对话框中，指定文本样式文件的存储路径和名称，设置存储类型为"Adobe Premiere Pro 文本样式（*.prtextstyle）"。

（3）单击"保存"按钮，关闭该对话框，即可在指定位置导出文本样式。

可以将导出的文本样式文件导入其他项目的项目面板，将其应用于其他项目。

项目总结

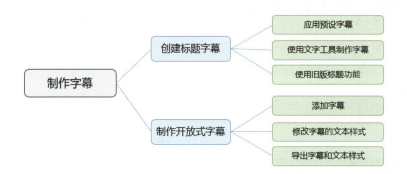

项目实战

实战 1：镂空字幕

本实战主要使用旧版标题功能制作具有镂空效果的字幕。

（1）新建一个名为"镂空字幕"的项目，在项目面板中导入一个视频素材"生日贺卡.mp4"，然后将视频素材拖动到时间轴面板中，自动新建一个序列。

（2）在菜单栏中选择"文件"→"新建"→"旧版标题"命令，弹出"新建字幕"对话框，如图 5-74 所示，根据需要设置视频的宽度、高度、时基和像素长宽比，然后输入字幕名称。本实战采用默认参数设置，单击"确定"按钮，关闭该对话框，同时弹出字幕设计对话框。

（3）在工具箱中选择"文字工具" T，在工作区中单击插入光标，输入文本"生日快乐"，然后在主工具栏中设置字体为"方正舒体"、字号为 45.0，为了便于查看文本效果，可以在"旧版标题样式"面板中选择应用一种预设样式，如图 5-75 所示。

（4）在"旧版标题属性"面板中，取消勾选"填充"复选框，在"描边"节点下单击"外描边"选项右侧的"添加"超链接，然后设置外描边的类型、大小、填充类型和颜色，如图 5-76 所示。此时，在工作区中可以看到修改外描边属性后的字幕效果，如图 5-77 所示。

影视编辑与制作

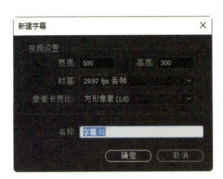

图 5-74 "新建字幕"对话框

图 5-75 设置字幕内容及样式

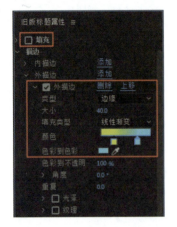

图 5-76 外描边参数设置（一）

图 5-77 修改外描边属性后的字幕效果（一）

（5）再次单击"外描边"选项右侧的"添加"超链接，设置外描边的类型、大小、填充类型和颜色，如图 5-78 所示。此时，在工作区中可以看到修改外描边属性后的字幕效果，如图 5-79 所示。

（6）在"描边"节点下单击"内描边"选项右侧的"添加"超链接，然后设置内描边的类型、角度和填充类型，如图 5-80 所示。此时，在工作区中可以看到修改内描边属性后的字幕效果，如图 5-81 所示。

（7）关闭字幕设计对话框。在项目面板中将创建的标题字幕拖动到时间轴面板的视频轨道 V2 中，并且调整字幕的入点。

（8）在"效果"面板中，将视频过渡效果中的 Cube Spin（立方体旋转）过渡效果拖动到字幕的入点。

（9）在节目监视器面板中单击"转到入点"按钮，然后按空格键，即可预览视频和字幕的效果，其中 3 帧如图 5-82 所示。

图 5-78 外描边参数设置（二）

图 5-79 修改外描边属性后的字幕效果（二）

图 5-80 内描边参数设置

图 5-81 修改内描边属性后的字幕效果

图 5-82 预览视频和字幕的效果

实战 2：音画同步

本实战主要为古诗《小池》配音并创建字幕，通过调整字幕的入点、出点和持续时间，实现字幕与音频的同步。

（1）使用默认参数新建一个项目"音画同步.prproj"，在项目面板中导入一个背景图片素材，将其拖动到时间轴面板中，自动新建一个序列。

（2）在菜单栏中选择"窗口"→"文本"命令，打开"文本"面板，在"字幕"选项卡中单击"创建新字幕轨"按钮，弹出"新字幕轨道"对话框，在"格式"下拉列表中选择"EBU 字幕"选项，然后单击"确定"按钮，即可在时间轴面板中创建"EBU-字幕"轨道。

（3）双击"字幕"选项卡中的字幕内容区域，输入古诗的标题"小池"，如图 5-83 所示。

图 5-83　输入字幕文本

（4）右击创建的字幕，在弹出的快捷菜单中选择"在之后添加字幕"命令，如图 5-84 所示。然后输入字幕内容，如图 5-85 所示。

图 5-84　选择"在之后添加字幕"命令

图 5-85　输入字幕内容

（5）选中新创建的字幕，单击"字幕"选项卡右上角的 按钮，在弹出的下拉菜单中选择"拆分字幕"命令，如图 5-86 所示，即可制作一个指定字幕的副本。双击字幕文本区域，修改字幕内容，如图 5-87 所示。

图 5-86　选择"拆分字幕"命令

图 5-87　修改字幕内容

（6）按照步骤（4）中的方法新建一条字幕并输入字幕内容，如图 5-88 所示。然后按照步骤（5）中的方法拆分字幕并修改字幕内容，如图 5-89 所示。

图 5-88　新建字幕并输入字幕内容　　　图 5-89　拆分字幕并修改字幕内容

接下来修改字幕的文本样式。

（7）在字幕轨道中选中第 2 条字幕，在"基本图形"面板的"编辑"选项卡中，首先设置文本的字体、填充颜色、高度，然后设置字幕的区域位置，最后微调文本的对齐方式，如图 5-90 所示。设置文本样式后的字幕效果如图 5-91 所示。

图 5-90　设置第 2 条字幕的文本样式　　　图 5-91　设置文本样式后的字幕效果

影视编辑与制作

由于本实战中所有诗词正文的格式相同,因此可以创建相应的文本样式。

(8)在"轨道样式"下拉列表框选择"创建样式"选项,如图5-92所示,弹出"新建文本样式"对话框,输入文本样式的名称,如图5-93所示,然后单击"确定"按钮,关闭该对话框。此时,在项目面板中可以看到创建的文本样式,如图5-94所示。

图5-92 选择"创建样式"　　图5-93 "新建文本样式"对话框　　图5-94 创建的文本样式

此时预览视频,可以发现所有字幕的文本样式都相同,如图5-95所示。本实战希望古诗标题的文本样式与正文的文本样式不同,因此需要单独修改第1条字幕的文本样式。

图5-95 所有字幕的文本样式都相同

(9)选中字幕轨道中的第1条字幕,切换到"基本图形"面板的"编辑"选项卡,在"轨道样式"下拉列表中选择"无"选项,然后修改文本的字体、填充颜色、字距和对齐方式,如图5-96所示。修改文本样式后的字幕效果如图5-97所示。

(10)在项目面板中导入一个音频素材,将其拖动到时间轴面板的音频轨道A1中,然后调整图片素材的出点,使其与音频素材的出点相同,如图5-98所示。

(11)试听音频,在各句诗文的开始位置添加标记,然后调整字幕的入点,如图5-99所示。

(12)调整古诗标题和各句诗文的出点,如图5-100所示。

(13)将播放指示器拖动到时间标尺的起始位置,按空格键,即可预览字幕效果,其中3帧的效果如图5-101所示。

图 5-96 修改第 1 条字幕的文本样式　　图 5-97 修改文本样式后的字幕效果

 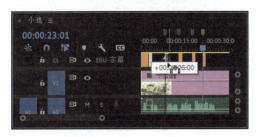

图 5-98 调整素材的出点　　图 5-99 调整字幕的入点

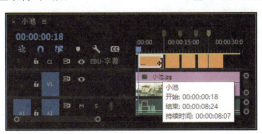

图 5-100 调整字幕的出点

图 5-101 预览字幕效果

项目 6

制作关键帧动画

思政目标

- 坚定文化自信，善于发现和融合特色元素。
- 善于深入挖掘传统文化精髓，有意识地传承并发扬民族优秀文化。

技能目标

- 能够理解关键帧动画的原理，通过添加关键帧制作关键帧动画。
- 能够复制和移动关键帧，修改动画的节奏。
- 能够利用关键帧插值制作加速或减速动画。

项目导读

　　动画是一门融合了数字媒体、音乐、文学、绘画等学科的综合艺术。动画制作实际上就是改变连续帧的内容的过程。在 Premiere 中，可以通过为素材添加关键帧制作随时间变化的视频动画，使静止的图片"动"起来，增强作品的视觉感。本项目主要介绍如何通过设置"运动"效果的参数添加关键帧，以及制作关键帧动画的编辑方法。

任务 1　认识关键帧动画

任务引入

在编排序列素材时，李想觉得有些静态画面太单调，他想利用已有的静态素材制作一些常见的动画效果，如文字动态显示、树叶随风飞舞，让画面"动"起来，增强画面的流畅性。李想知道大部分动画制作软件（如 Animate）都使用关键帧制作动画，那么，什么是关键帧和关键帧动画呢？使用 Premiere 是否也可以制作关键帧动画呢？

知识准备

一、关键帧的概念

动画的基本单位是帧，帧是动画中的单幅影像画面，相当于电影胶片上的每一格镜头。在动画制作软件的时间轴上，帧表现为时间标尺上的一格或一个标记。对帧的操作实际上就是对时间轴的编辑。

顾名思义，关键帧是指动画中具有关键内容的帧或能改变动画内容的帧。在"效果控件"面板中，关键帧显示为 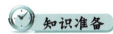，如图 6-1 所示。

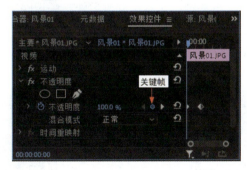

图 6-1　关键帧

二、关键帧动画的原理

制作关键帧动画的方法是所有动画制作方法的基础，利用关键帧可以制作动画中对象的关键状态，Premiere 可以自动通过插入帧的方法计算并生成中间帧的状态。

在同一个关键帧的区段中，关键帧的内容会保留给它后面的帧，直到下一个关键帧出现。两个关键帧之间的动画由软件创建，称为过渡帧或中间帧。一个关键帧动画至少需要两个关键帧。如果需要制作比较复杂的动画，或者动画对象的运动过程变化很多，则可以通过增加关键帧达到目的。关键帧越多，动画效果越细致。

任务 2　添加关键帧

任务引入

在了解了关键帧的概念和关键帧动画的原理后,李想打算将近期制作的诗文欣赏画面做成动画。制作关键帧动画的首要任务是添加关键帧。在 Premiere 中,怎样添加关键帧呢?怎样快速地在不同时间点添加属性值完全相同的关键帧呢?如果要模拟现实生活中的加速或减速效果,那么应该怎样操作呢?

知识准备

在 Premiere 中,可以在"效果控件"面板或时间轴面板中添加关键帧。在一般情况下,对于具有一维数值参数的属性,如不透明度、音量等,在时间轴面板中设置较方便;对于具有二维或多维数值参数的属性,如位置、缩放、旋转等,在"效果控件"面板中设置较方便。

一、在时间轴面板中添加关键帧

(1)在时间轴面板中,将播放指示器拖动到要添加关键帧的位置。

(2)拖动轨道之间的分割线,展开视频轨道 V1,显示关键帧控件,然后单击"添加-移除关键帧"按钮,即可在指定位置添加一个关键帧,并且在素材上显示效果图形线和关键帧标记,如图 6-2 所示。

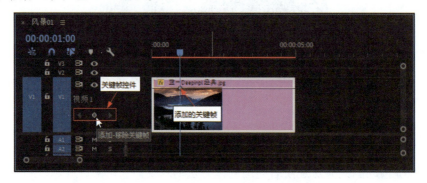

图 6-2　在时间轴面板中添加关键帧

(3)在"效果控件"面板中修改关键帧的属性值。

 提示

Premiere 可能默认为素材添加"不透明度"关键帧或"缩放"关键帧。

（4）如果要修改关键帧的类型，那么在时间轴面板中的素材图标 上右击，然后在弹出的快捷菜单中选择关键帧的类型即可，如图6-3所示。

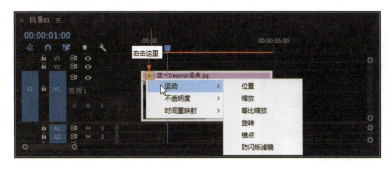

图6-3 修改关键帧的类型

（5）重复以上步骤，添加其他关键帧。在时间轴面板中，使用效果图形线可以很直观地展现属性值随时间变化的趋势，如图6-4所示。

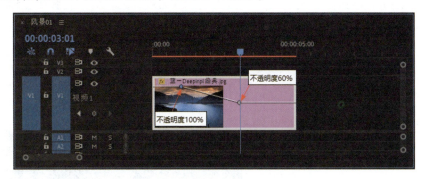

图6-4 关键帧动画的效果图形线

提示

使用"钢笔工具" 也可以在时间轴上为素材添加关键帧。在选择"钢笔工具" 后，将鼠标指针移动到效果图形线上要添加关键帧的位置，当鼠标指针显示为 时单击，即可添加一个关键帧。

如果要删除关键帧，则可以在效果图形线上选中要删除的关键帧，然后直接按Delete键将其删除；也可以单击"转到上一关键帧"按钮 或"转到下一关键帧"按钮 定位要删除的关键帧，然后单击"添加-移除关键帧"按钮 将其删除。

实例——美文欣赏

本实例通过在时间轴面板中为素材添加关键帧，调整素材的不透明度，制作素材和文字淡入淡出的效果。

（1）新建一个名为"美文欣赏"的项目，在项目面板中导入3个图片素材。将背景素材拖动到时间轴面板中，自动新建一个序列，然后将另外两个图片素材分别拖动到视频轨道V2和V3中，如图6-5所示。

（2）在节目监视器面板中双击素材并调整其位置，调整素材位置后的画面效果如图6-6所示。

图6-5 装配序列

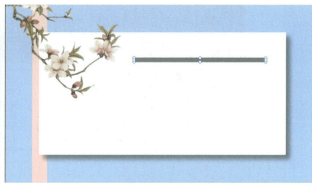

图6-6 调整素材位置后的画面效果

（3）在菜单栏中选择"文件"→"新建"→"旧版标题"命令，弹出"新建字幕"对话框，输入字幕名称"桃夭"，如图6-7所示。单击"确定"按钮，关闭该对话框，同时弹出字幕设计对话框。

（4）在工具箱中选择"文字工具" T ，在工作区中单击并输入文本内容，然后在主工具栏中设置文本的字体、字号和行距，在"旧版标题属性"面板中设置填充颜色为黑色，效果如图6-8所示。

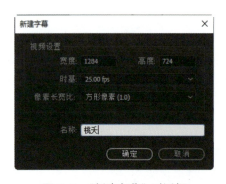

图6-7 "新建字幕"对话框

图6-8 字幕效果

（5）关闭字幕设计对话框。在项目面板中将创建的"桃夭"字幕拖动到时间轴面板的视频轨道V4中。

（6）在工具面板中选择"文字工具" T ，在节目监视器面板中单击并输入文本内容。然后打开"效果控件"面板，设置文本的字体、字号、是否加粗、填充颜色、描边颜色和描边大小，如图6-9所示。此时的画面效果如图6-10所示。

项目 6 制作关键帧动画

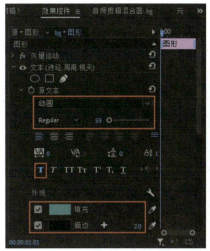

图 6-9 设置文本属性

图 6-10 画面效果

接下来在时间轴面板中为素材添加关键帧。

（7）展开桃花素材所在的视频轨道 V2，显示关键帧控件。将播放指示器拖动到时间标尺的第 1 帧，然后单击"添加-移除关键帧"按钮 ，即可在指定位置添加一个关键帧，并且在桃花素材上显示效果图形线和关键帧标记，如图 6-11 所示。

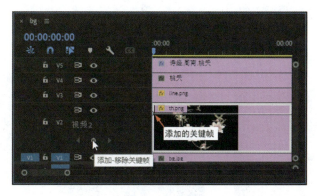

图 6-11 添加桃花素材的起始关键帧

（8）将该关键帧拖动到轨道底部，设置桃花素材的不透明度为 0%，如图 6-12 所示。

图 6-12 设置桃花素材起始关键帧的不透明度

此时，节目监视器面板中的画面效果如图 6-13 所示，桃花素材不可见。

（9）将播放指示器拖动到合适的位置，单击"添加-移除关键帧"按钮，在指定位置添加一个关键帧，然后将该关键帧拖动到轨道顶部，设置桃花素材的不透明度为 100%，如图 6-14 所示。

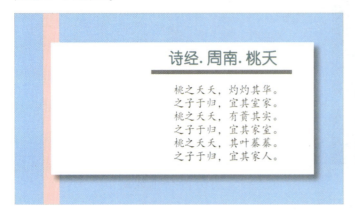

图 6-13　起始关键帧的画面效果　　　　图 6-14　添加桃花素材的结束关键帧

（10）在"效果"面板中，将视频过渡效果中的 Push（推）过渡效果拖动到视频轨道 V3 中素材的入点，如图 6-15 所示。

（11）展开诗文标题所在的视频轨道 V5，将播放指示器拖动到合适的位置，单击"添加-移除关键帧"按钮，在指定位置添加一个关键帧，然后将该关键帧拖动到轨道底部，设置诗文标题的不透明度为 0%，如图 6-16 所示。

图 6-15　添加视频过渡效果　　　　图 6-16　添加诗文标题的起始关键帧

（12）将播放指示器拖动到合适的位置，单击"添加-移除关键帧"按钮，在指定位置添加一个关键帧，然后将该关键帧拖动到轨道顶部，设置诗文标题的不透明度为 100%，如图 6-17 所示。

（13）展开诗文所在的视频轨道 V4，将播放指示器拖动到合适的位置，单击"添加-移除关键帧"按钮，在指定位置添加一个关键帧，然后将该关键帧拖动到轨道底部，设置诗文的不透明度为 0%。将播放指示器拖动到合适的位置，单击"添加-移除关键帧"按钮，在指定位置添加一个关键帧，然后将该关键帧拖动到轨道顶部，设置诗文的不透明度为 100%，如图 6-18 所示。

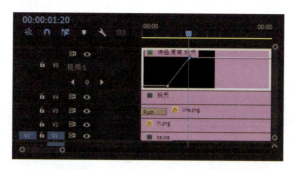

图 6-17 添加诗文标题的结束关键帧

图 6-18 添加诗文的结束关键帧

（14）将播放指示器拖动到时间标尺的起始位置，按空格键即可预览动画效果，其中 6 帧的画面效果如图 6-19 所示。

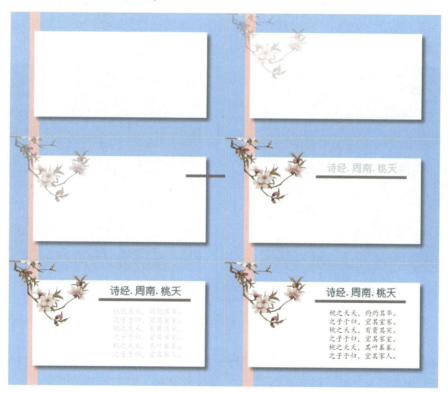

图 6-19 预览动画效果

二、在"效果控件"面板中添加关键帧

（1）将播放指示器拖动到要添加关键帧的位置，打开"效果控件"面板，如图 6-20 所示。

根据图 6-20 可知，"效果控件"面板中默认包含 3 组效果控件，分别为运动、不透明度和时间重映射，分别用于实现"运动"、"不透明度"、"加速"、"减速"、"倒放"和"静止"等效果。其中，"运动"节点下包含"位置"、"缩放"、"缩放宽度"、"旋转"、"锚点"和"防闪烁滤镜"等属性，这些属性的简要介绍如下。

- 位置：主要用于设置素材相对于整个屏幕的坐标。在 Premiere Pro 2022 的坐标系中，左上角为坐标原点，向右和向下分别为横轴和纵轴的正方向。调整该属性的参数值可以创建运动动画。
- 缩放：主要用于设置素材的尺寸百分比，默认勾选"等比缩放"复选框，表示约束素材尺寸的缩放比例。如果不勾选"等比缩放"复选框，那么"缩放宽度"选项可用，此时可以单独调整素材的高度或宽度。
- 旋转：主要用于调整素材的旋转角度。当旋转角度小于 360°时，该属性的参数只有一个；当旋转角度大于 360°时，该属性的参数变为两个，第 1 个参数主要用于指定旋转周数，第 2 个参数主要用于指定旋转角度。
- 锚点：主要用于设置素材的中心点。调整该属性的参数值可以实现特殊的旋转效果。
- 防闪烁滤镜：主要用于修改防闪烁滤镜在剪辑持续时间内变化的强度。

（2）单击要添加关键帧的属性左侧的"切换动画"按钮，当该按钮显示为蓝色时，即可在指定位置添加一个该属性的关键帧。例如，在素材第 1 秒的位置添加一个"缩放"关键帧，将"缩放"设置为"120.0%"，并且在该属性右侧显示蓝色的"添加-移除关键帧"按钮，在时间轴的相应位置显示关键帧图标，如图 6-21 所示。

图 6-20 "效果控件"面板

图 6-21 添加"缩放"关键帧

（3）重复以上步骤，添加其他关键帧。至少要为同一个属性添加两个关键帧，画面才能呈现动画效果。

如果要删除关键帧，那么单击"转到上一关键帧"按钮或"转到下一关键帧"按钮定位到要删除的关键帧，然后单击"添加-移除关键帧"按钮将其删除。单击"切换动画"按钮，当该按钮显示为灰色时，可以关闭指定属性的所有关键帧。

◆ 实例——飞舞的落叶

本实例通过在"效果控件"面板中调整树叶的位置、缩放比例和旋转角度并添加关键帧,实现树叶飞舞落下的动画效果。

(1)新建一个名为"飞舞的落叶"的项目,在项目面板中导入一个银杏树图片素材和一个树叶图片素材,如图 6-22 所示。

(2)将银杏树图片素材拖动到时间轴面板中,自动新建一个序列,然后将树叶图片素材拖动到视频轨道 V2 中,此时的画面效果如图 6-23 所示。

图 6-22　导入素材　　　　　　　　图 6-23　装配序列的画面效果

(3)按住 Shift 键,选中两个轨道中的素材,将鼠标指针移动到素材的出点,当鼠标指针显示为 时,按住鼠标左键并向右拖动鼠标,在第 10 秒的位置释放鼠标左键,设置素材的持续时间,如图 6-24 所示。

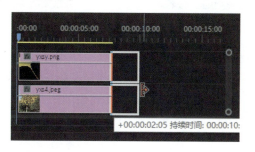

图 6-24　设置素材的持续时间

(4)将播放指示器拖动到时间标尺的第 1 帧,选中树叶图片素材,在"效果控件"面板中对其进行缩放、旋转,并且调整其位置,然后单击"位置"、"缩放"和"旋转"选项左侧的"切换动画"按钮 ,添加起始关键帧,如图 6-25 所示。此时的画面效果如图 6-26 所示。

(5)将播放指示器拖动到第 3 秒的位置,在"效果控件"面板中修改树叶图片素材的位置和旋转角度,系统会自动在当前位置添加相应的关键帧,如图 6-27 所示。

(6)在"效果控件"面板中选中"运动"节点,在节目监视器面板中可以看到树叶图片素材的运动路径,如图 6-28 所示。

图 6-25 添加树叶图片素材的起始关键帧　　图 6-26 初始画面效果

图 6-27 添加关键帧（一）　　图 6-28 树叶图片素材的运动路径（一）

（7）将播放指示器拖动到第 6 秒的位置，在"效果控件"面板中修改树叶图片素材的位置和旋转角度，并且对树叶图片素材进行缩放，系统会自动在当前位置添加相应的关键帧，如图 6-29 所示。树叶图片素材的运动路径如图 6-30 所示。

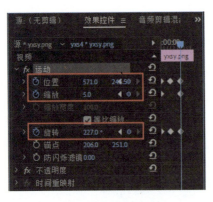

图 6-29 添加关键帧（二）　　图 6-30 树叶图片素材的运动路径（二）

（8）将播放指示器拖动到第 8 秒的位置，在"效果控件"面板中修改树叶图片素材的位置和旋转角度，并且对树叶图片素材进行缩放，系统会自动在当前位置添加相应的关键帧，如图 6-31 所示。

（9）在节目监视器面板中拖动树叶图片素材运动路径的控制手柄，调整树叶图片素材的运动路径，如图 6-32 所示。

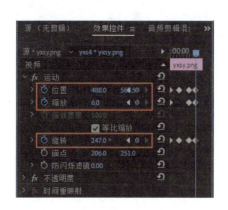

图 6-31　添加关键帧（三）　　　　　图 6-32　调整树叶图片素材的运动路径（一）

（10）将播放指示器拖动到第 9 秒第 20 帧的位置，在"效果控件"面板中修改树叶素材的位置和旋转角度，系统会自动在当前位置添加相应的关键帧，如图 6-33 所示。

（11）在节目监视器面板中拖动树叶图片素材运动路径的控制手柄，调整树叶图片素材的运动路径，如图 6-34 所示。

图 6-33　添加关键帧（四）　　　　　图 6-34　调整树叶图片素材的运动路径（二）

（12）保存项目，将播放指示器拖动到时间标尺的起始位置，按空格键即可预览动画效果，其中 3 帧的画面效果如图 6-35 所示。

图 6-35　预览动画效果

三、复制和粘贴关键帧

在 Premiere 中，可以在"效果控件"面板或时间轴面板中很方便地复制和粘贴关键帧。

1. 在"效果控件"面板中复制和粘贴关键帧

（1）右击要复制的关键帧，在弹出的快捷菜单中选择"复制"命令，如图 6-36 所示。

（2）将播放指示器拖动到要粘贴关键帧的位置并右击，在弹出的快捷菜单中选择"粘贴"命令，如图 6-37 所示。

图 6-36　复制关键帧　　　　　　　图 6-37　粘贴关键帧

🔍 提示

使用工具面板中的"选择工具"选中要复制的关键帧，然后按住 Alt 键对其进行拖动，也可以复制关键帧。

2. 在时间轴面板中复制和粘贴关键帧

在效果图形线上选中要复制的关键帧，在菜单栏中选择"编辑"→"复制"命令，然后将播放指示器拖动到要粘贴关键帧的位置，在菜单栏中选择"编辑"→"粘贴"命令。

四、移动关键帧

1. 在"效果控件"面板中移动关键帧

选中要移动的关键帧，然后按住鼠标左键将其拖动到合适的位置，释放鼠标左键即可。

 提示

如果要同时移动多个关键帧，则可以按住鼠标左键框选要移动的关键帧，然后按住鼠标左键将其拖动到合适的位置。

2. 在时间轴面板中移动关键帧

在效果图形线上选中要移动的关键帧，然后按住鼠标左键将其拖动到合适的位置，释放鼠标左键即可。使用这种方法移动关键帧，不仅可以修改关键帧的位置，还可以修改关键帧的属性值。

 提示

使用工具面板中的"钢笔工具" 拖动关键帧，也可以移动关键帧。

五、关键帧插值

在默认情况下，关键帧之间默认采用线性插值方式生成中间帧，线性变化的效果图形线如图 6-38 所示。

图 6-38　线性变化的效果图形线

事实上，Premiere Pro 2022 还提供了多种非线性插值方式，用于控制关键帧的变化速度。在关键帧上右击，在弹出的快捷菜单中选择插值方式，如图 6-39 所示。

图 6-39　选择插值方式

- 线性:在两个关键帧之间进行匀速变化。在"效果控件"面板中,采用线性插值方式的关键帧显示为 。
- 贝塞尔曲线:可以手动调整关键帧任意一侧的图像形状和变化速度。在"效果控件"面板中,采用贝塞尔曲线插值方式的关键帧显示为 。拖动控制手柄可以调节曲线形状,从而改变动画的运动速度。
- 自动贝塞尔曲线:自动调整速度的平滑变化。在"效果控件"面板中,采用自动贝塞尔曲线插值方式的关键帧显示为 。
- 连续贝塞尔曲线:与贝塞尔曲线插值方式的功能类似,不同的是,连续贝塞尔曲线的两个控制手柄始终在一条直线上;而贝塞尔曲线的两个控制手柄是独立的,可以单独调节。
- 定格:改变属性值产生的效果变化不是渐变过渡,而是快速变化。在"效果控件"面板中,采用定格插值方式的关键帧显示为 。
- 缓入:逐渐减缓速度进入当前关键帧。在"效果控件"面板中,采用缓入插值方式的关键帧显示为 。
- 缓出:逐渐加快速度离开当前关键帧。在"效果控件"面板中,采用缓出插值方式的关键帧显示为 。

项目总结

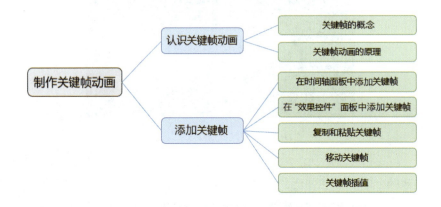

项目实战

实战 1:发光的水晶球

本实战通过为图形添加"不透明度"属性关键帧及复制关键帧,实现水晶球发光的效果。

(1)使用默认参数新建一个项目"水晶球.prproj"。

(2)在项目面板中导入一个背景图片素材和一个水晶球的动画 GIF 图片素材(简称水晶球素材),将背景图片素材拖动到时间轴面板中,自动新建一个序列,然后将水晶球素材拖动到视频轨道 V2 中。此时,节目监视器面板中的画面效果如图 6-40 所示。

(3)选中水晶球素材,在"效果控件"面板中的"运动"节点下,设置"位置"为(219.0,320.0)、"缩放"为 80.0%,如图 6-41 所示。此时,节目监视器面板中的画面效果如图 6-42 所示。

图 6-40 导入素材后的画面效果

图 6-41 设置"运动"效果的属性　　图 6-42 设置"位置"和"缩放"属性后的画面效果

(4)在工具面板中选择"椭圆工具" ◯ ,在节目监视器面板中,在按住 Shift 键的同时,按住鼠标左键并拖动鼠标,绘制一个圆形。此时,时间轴面板的视频轨道中自动添加了一个名称为"图形"的素材,如图 6-43 所示。

(5)在工具面板中选择"选择工具" ▶ ,拖动图形变形框顶点上的控制手柄,调整圆形的大小,使其与水晶球的大小相同,将圆形拖动到水晶球上,如图 6-44 所示。

图 6-43 添加"图形"素材　　　　　图 6-44 调整圆形的大小和位置

提示

为便于对齐圆形与水晶球,可以在"效果控件"面板中修改圆形的不透明度,在位置调整完成后再将其修改为 100.0%。

（6）选中"图形"素材，在"效果控件"面板中展开"形状"→"外观"节点，勾选"填充"选项左侧的复选框，然后单击该复选框右侧的色块，弹出"拾色器"对话框。

（7）在"拾色器"对话框左上角的下拉列表中选择"径向渐变"选项，然后单击左侧的色标，设置颜色值为#00EEFF；单击右侧的色标，设置颜色值为#CCCCCC，单击"确定"按钮，关闭该对话框。此时，在节目监视器面板中可以看到"图形"素材的填充效果，如图6-45所示。

默认的填充效果与预期的填充效果不符，接下来调整填充手柄。

（8）使用鼠标分别拖动圆形中心点两侧的填充手柄，调整"图形"素材的填充颜色，效果如图6-46所示。

图6-45 "图形"素材的填充效果　　　　图6-46 调整"图形"素材的填充颜色

至此，素材制作完成，接下来通过添加关键帧实现发光效果。

（9）选中"图形"素材，将播放指示器拖动到入点，在"效果控件"面板中设置素材的"不透明度"为"0.0%"，然后单击"切换动画"按钮，添加起始关键帧。此时，在节目监视器面板中可以看到关键帧的效果，如图6-47所示。

图6-47 添加起始关键帧

（10）将播放指示器拖动到要添加关键帧的位置，在"效果控件"面板中设置素材的"不透明度"为"60.0%"，系统会自动在当前位置添加关键帧。此时，在节目监视器面板中可以看到关键帧的效果，如图6-48所示。

图 6-48 添加关键帧

此时，拖动播放指示器，可以预览水晶球发光的效果。在本实战中，水晶球发光效果的持续时间较短，接下来通过复制水晶球素材，延长水晶球发光效果的持续时间。

（11）在视频轨道中选中水晶球素材，在按住 Alt 键的同时，按住鼠标左键并拖动鼠标，将水晶球素材拖动到其出点，释放鼠标左键，即可复制水晶球素材。使用同样的方法复制多个水晶球素材，如图 6-49 所示。

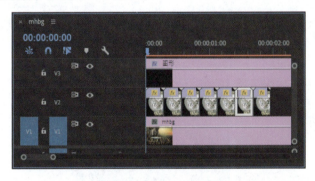

图 6-49 复制水晶球素材

为了实现水晶球反复发光的效果，接下来复制关键帧。

（12）在"效果控件"面板中，使用鼠标框选添加的两个关键帧，按住 Alt 键的同时，按住鼠标左键并拖动鼠标，将两个关键帧拖动到合适的位置，释放鼠标左键，即可复制两个关键帧，如图 6-50 所示。使用同样的方法在其他时间点复制关键帧。

（13）在工具面板中选择"剃刀工具" ，在水晶球素材的出点按住 Shift 键并单击，可以同时分割视频轨道 V1 和 V3 中的素材，如图 6-51 所示。

（14）按快捷键 V 切换为"选择工具" ，在按住 Shift 键的同时，选中视频轨道 V1 和 V3 中素材分割点右侧的素材片段，按 Delete 键将其删除。

（15）单击节目监视器面板中的"播放-停止切换"按钮 ，即可预览动画效果，其中 3 帧的画面效果如图 6-52 所示。

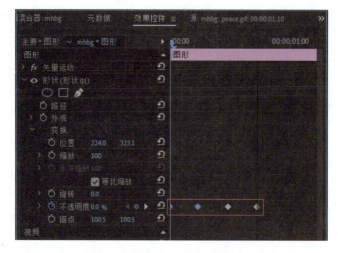

图 6-50 复制关键帧

图 6-51 同时分割多个素材

图 6-52 预览动画效果

实战 2：蝶恋花

本实战通过在节目监视器面板中编辑素材、添加关键帧、复制关键帧、修改关键帧的插值方式，实现一只蝴蝶在花丛中飞舞的效果。通过本实战中的步骤讲解，读者可以熟悉多种添加关键帧、复制关键帧及修改插值方式的方法。

（1）使用默认参数新建一个项目"蝶恋花.prproj"。在项目面板中导入一个草地视频素材和一个蝴蝶飞舞的 GIF 图片素材（简称蝴蝶素材），将草地视频素材拖动到时间轴面板中，自动新建一个序列，然后将蝴蝶素材拖动到视频轨道 V2 中。此时，节目监视器面板中的画面效果如图 6-53 所示。

图 6-53 导入素材后的画面效果

（2）选中蝴蝶素材，在"效果控件"面板中设置蝴蝶素材的缩放比例，如图 6-54 所示。在按住 Alt 键的同时拖动蝴蝶素材，制作 4 个蝴蝶素材副本，依次排列，如图 6-55 所示。

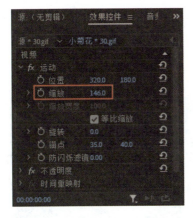

图 6-54 设置蝴蝶素材的缩放比例

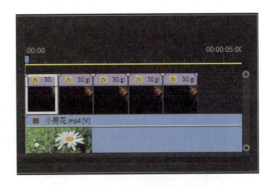

图 6-55 复制蝴蝶素材

（3）选中草地视频素材，然后在工具面板中选择"剃刀工具" ，在蝴蝶素材的出点单击，分割序列中的素材，如图 6-56 所示。

（4）选中草地视频素材分割点右侧的素材片段，按 Delete 键将其删除，使两条视频轨道中素材的持续时间相同，如图 6-57 所示。

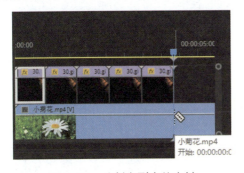

图 6-56 分割序列中的素材

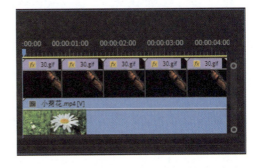

图 6-57 使两条视频轨道中素材的持续时间相同

（5）选中第 1 个蝴蝶素材，将播放指示器拖动到其入点，双击节目监视器面板中的蝴蝶素材，将其拖动到画面的右上角，如图 6-58 所示。然后打开"效果控件"面板，展开"运动"节点，单击"位置"和"缩放"选项左侧的"切换动画"按钮 ，添加初始关键帧，如图 6-59 所示。

图 6-58 动画的初始状态

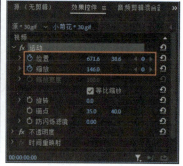
图 6-59 添加初始关键帧

（6）将播放指示器拖动到第 1 个蝴蝶素材的出点，在节目监视器面板中移动蝴蝶素材的位置，移动的起点和终点之间会出现一条有很多节点的线段，这条线段就是蝴蝶素材的运动路径。在"效果控件"面板中可以看到，在指定位置自动添加了一个"位置"关键帧，如图 6-60 所示。

图 6-60 通过移动蝴蝶素材添加运动路径和"位置"关键帧

提示

运动路径的节点数表示帧数。如果不对位置进行插值，则不显示运动路径。

（7）在节目监视器面板中，在运动路径的控制手柄上按住鼠标左键并拖动鼠标，调整运动路径的形状，然后在"效果控件"面板中设置蝴蝶素材的缩放比例，如图 6-61 所示。

（8）按住 Shift 键，选中当前时间点的"位置"关键帧和"缩放"关键帧并右击，在弹出的快捷菜单中选择"复制"命令，如图 6-62 所示，从而复制关键帧。

（9）选中第 2 个蝴蝶素材，将播放指示器拖动到其入点，然后在"效果控件"面板的关键帧区域右击，在弹出的快捷菜单中选择"粘贴"命令，如图 6-63 所示，从而在第 2 个蝴蝶素材的入点粘贴关键帧。

图 6-61　调整运动路径的形状并设置蝴蝶素材的缩放比例

图 6-62　复制关键帧

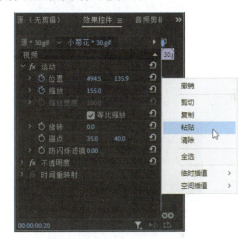

图 6-63　粘贴关键帧

（10）将播放指示器拖动到第 2 个蝴蝶素材的出点，在节目监视器面板中移动蝴蝶素材的位置，缩放蝴蝶素材的大小，并且调整运动路径的形状。在"效果控件"面板中的相应位置会自动添加关键帧，如图 6-64 所示。

图 6-64　添加关键帧（一）

（11）复制当前时间点的"位置"和"缩放"关键帧，选中第3个蝴蝶素材，在其入点粘贴关键帧，然后单击"旋转"选项左侧的"切换动画"按钮 ，添加"旋转"起始关键帧，如图6-65所示。

图6-65 添加"旋转"起始关键帧

（12）将播放指示器拖动到第3个蝴蝶素材的出点，在节目监视器面板中移动蝴蝶素材的位置，缩放蝴蝶素材的大小，旋转蝴蝶素材的角度，并且调整运动路径的形状。在"效果控件"面板中的相应位置会自动添加3个属性关键帧，如图6-66所示。

图6-66 添加关键帧（二）

（13）复制当前时间点的"位置"、"缩放"和"旋转"关键帧，选中第4个蝴蝶素材，在其入点粘贴关键帧。

（14）将播放指示器拖动到第4个蝴蝶素材的出点，在节目监视器面板中移动蝴蝶素材的位置，缩放蝴蝶素材的大小，旋转蝴蝶素材的角度，并且调整运动路径的形状。在"效果控件"面板中的相应位置自动会添加3个属性关键帧，如图6-67所示。

（15）复制当前时间点的"位置"、"缩放"和"旋转"关键帧，选中第5个蝴蝶素材，在其入点粘贴关键帧。

（16）将播放指示器拖动到第5个蝴蝶素材的出点，在节目监视器面板中移动蝴蝶素材的位置，缩放蝴蝶素材的大小，旋转蝴蝶素材的角度，并且调整运动路径的形状。在"效果控件"面板中的相应位置会自动添加3个属性关键帧，如图6-68所示。

图 6-67　添加关键帧（三）

图 6-68　添加关键帧（四）

在默认情况下，蝴蝶飞舞和缩放的速度是匀速的，本实战希望蝴蝶逐渐加速飞出画面，所以接下来需要修改关键帧的插值方式。

（17）同时选中当前时间点的"位置"和"缩放"关键帧并右击，在弹出的快捷菜单中选择"临时插值"→"缓出"命令，修改"位置"和"缩放"关键帧的插值方式，如图 6-69 所示。

图 6-69　修改"位置"和"缩放"关键帧的插值方式

（18）单击节目监视器面板中的"播放–停止切换"按钮▶，即可预览动画效果，如图 6-70 所示。

图 6-70　预览动画效果

项目 7

抠像与合成技术

思政目标

➤ 追踪现代科学技术的发展脚步,主动拓宽自己的视野,充分发挥创造力。
➤ 尊重客观事实,将所学知识融会贯通,学以致用。

技能目标

➤ 能够灵活运用不透明度和混合模式合成素材。
➤ 能够使用键控效果对素材进行抠像与合成。
➤ 能够利用蒙版创建画面的局部特效。

项目导读

　　抠像与合成是影视制作中的常用技术。使用抠像技术可以将画面中能与主体颜色区分的某种颜色转换为透明色,以便与背景融合,从而制作难以实现的场景。使用合成技术可以将多个轨道中的素材叠加,从而创建更有层次感和设计感的奇妙画面,是制作虚拟场景的重要方法。
　　本项目主要介绍在 Premiere 中通过不透明度、混合模式、键控效果和蒙版对素材进行抠像与合成的方法。

任务 1 抠像与合成的基础

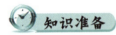

李想在处理一张公园湖景的照片时遇到了困难,出于当时天气的原因,湖面显得灰蒙蒙的,和他想要的湖面倒映着蓝天白云的效果相差甚远。他在学习论坛上求助,有热心的网友告诉他,在 Premiere 中可以使用抠像与合成技术制作创意效果图,而他想要的效果可以通过调整素材的不透明度和混合模式实现。

那么,什么是抠像呢?在 Premiere 中,视频合成有哪些方法?怎样通过调整不透明度和应用混合模式合成视频画面呢?

一、抠像简介

抠像在英文中称为 Key,是指吸取画面中的某种颜色作为透明色。视频抠像的原理与抠图的原理类似,将画面中的纯色背景抠除,只保留主体对象,以便后期进行合成处理,通常应用于电影特效、广告设计、电视包装等领域。

常用的抠像方法有蓝屏抠像和绿屏抠像。蓝屏抠像主体物的背景颜色为蓝色,主体物中不能包含蓝色,是我国影视业常用的抠像方法。绿屏抠像与蓝屏抠像类似,不同的是,绿屏抠像主体物的背景颜色为绿色。

> **提示**
>
> 事实上,在抠像过程中,能与主体物的颜色区分开的纯色都可以利用抠像技术抠除背景,不仅仅局限于蓝色和绿色。

二、视频合成的方法

合成是指将不同轨道中的素材叠加,从而实现具有视觉冲击力的画面效果。

视频合成的主要方法有两种,一种是通过调整不透明度和应用混合模式融合素材,另一种是通过键控抠像合成画面。此外,使用蒙版也可以合成素材。

三、调整不透明度

在影视作品的后期处理过程中,通过调整不同视频轨道中素材的不透明度,可以对素材进行叠加。在时间轴面板和"效果控件"面板中都可以很方便地调整素材的不透明度。

在"效果控件"面板中,展开"不透明度"节点,直接输入"不透明度"选项的值,或者拖动"不透明度"选项下方滑动条上的滑块,即可很方便地调整素材的不透明度,如图 7-1 所示。

在时间轴面板中,展开视频轨道,在素材上可以看到用于调整素材不透明度的效果线,如图 7-2 所示。

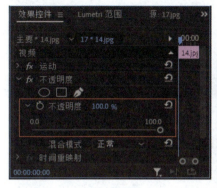

图 7-1 在"效果控件"面板中调整素材的不透明度

图 7-2 时间轴面板中的不透明度效果线

将鼠标指针移动到效果线上,按住鼠标左键并上下拖动鼠标,即可调整素材的不透明度,鼠标指针的下方显示不透明度的值,如图 7-3 所示。

图 7-3 拖动效果线调整素材的不透明度

实例——闪亮的星

本实例通过在不同帧调整前景素材的不透明度,制作夜空中闪亮的星。

(1)新建一个名为"闪亮的星"的项目,在项目面板中导入一个夜空图片素材和一个星星图片素材,如图 7-4 所示。

(2)将夜空图片素材拖动到时间轴面板中,自动新建一个序列,然后将星星图片素材拖动到视频轨道 V2 中,此时的画面效果如图 7-5 所示。

(3)选中序列中的星星图片素材,在"效果控件"面板中展开"运动"节点,设置星星图片素材的显示位置和缩放比例,如图 7-6 所示。此时的画面效果如图 7-7 所示。

(4)在"效果控件"面板中展开"不透明度"节点,单击"不透明度"选项左侧的"切换动画"按钮 ,如图 7-8 所示,添加起始关键帧。

(5)将播放指示器拖动到第 1 秒的位置,设置"不透明度"为"30.0%",会自动在当前位置添加一个关键帧,如图 7-9 所示。

图 7-4 导入素材

图 7-5 装配序列的效果

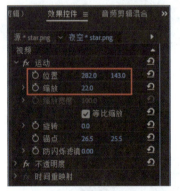

图 7-6 设置星星图片素材的显示位置和缩放比例

图 7-7 初始画面效果

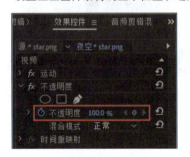

图 7-8 添加起始关键帧

图 7-9 添加第 2 个关键帧

(6)在"效果控件"面板中,按住 Shift 键,选中两个关键帧并右击,在弹出的快捷菜单中选择"复制"命令,如图 7-10 所示。

(7)将播放指示器拖动到第 2 秒的位置,右击关键帧区域,在弹出的快捷菜单中选择"粘贴"命令,如图 7-11 所示。

(8)将播放指示器拖动到第 4 秒的位置,按 Ctrl+V 组合键再次粘贴关键帧。

(9)将播放指示器拖动到时间标尺的第 1 帧,按空格键,即可在节目监视器面板中预览动画效果,如图 7-12 所示。

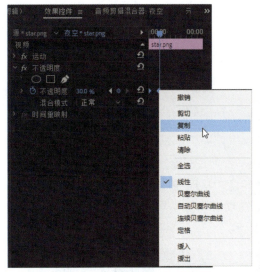
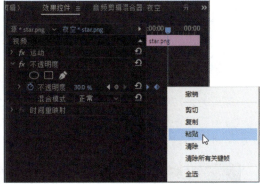

图 7-10 复制关键帧　　　　　　图 7-11 粘贴关键帧

图 7-12 预览动画效果

四、应用混合模式

在 Premiere 中，应用混合模式，可以改变两个或更多个重叠素材的不透明度或颜色之间的相互关系，制作出层次丰富、效果奇特的合成图像。

一个混合模式包含 4 种元素：源颜色、不透明度、基础颜色和结果颜色。

- 源颜色：应用于混合模式的素材已有的颜色。
- 不透明度：应用于混合模式的素材的不透明度。
- 基础颜色：源素材下方的合成素材的颜色。
- 结果颜色：混合后的输出色彩效果。

混合模式至少有两个包含素材的视频轨道。混合模式就像调酒，将多种原料混合在一起，产生更丰富的口味，至于口感、浓淡，取决于放入的各种原料的多少及调制的方法。因此，混合模式的结果取决于每个素材中的像素如何通过选择的模式发生变化。

在"效果控件"面板中，展开"不透明度"节点，在"混合模式"下拉列表中，可以看到 Premiere 提供了丰富的混合模式。

注意

同一种混合模式产生的效果可能有所不同,具体情况取决于混合素材的颜色和不透明度。因此,如果要调制出理想的图像效果,则可能需要多次试验素材的颜色和不透明度,并且采用不同的混合模式。

实例——天空倒影

本实例会为素材应用混合模式、调整不透明度,从而在湖面上创建天空的倒影。

(1)新建一个名为"天空倒影"的项目,在项目面板中导入一个湖面图片素材和一个天空图片素材,分别如图 7-13 和图 7-14 所示。

图 7-13 湖面图片素材

图 7-14 天空图片素材

(2)将湖面图片素材拖动到时间轴面板中,自动新建一个序列,然后将天空图片素材拖动到视频轨道 V2 中。

(3)选中天空图片素材,在"效果控件"面板中,首先取消勾选"等比缩放"复选框,然后分别调整天空图片素材的高度和宽度,最后调整天空图片素材的位置,如图 7-15 所示。此时,在节目监视器面板中看到的画面效果如图 7-16 所示。

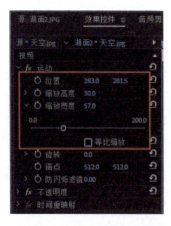

图 7-15 调整天空图片素材的高度、宽度和位置

图 7-16 初始画面效果

（4）选中天空图片素材，在"效果控件"面板中展开"不透明度"节点，设置"混合模式"为"相乘"、"不透明度"为"45.0%"，如图7-17所示。

此时，即可在节目监视器面板中看到应用混合模式和调整不透明度后的合成画面效果，如图7-18所示。

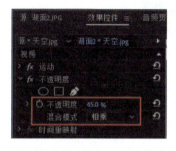

图7-17 设置天空图片素材的混合模式和不透明度　　图7-18 合成画面效果

任务2 键控效果

任务引入

在了解了抠像与合成的方法后，李想有了新的构思，他想利用抠像与合成技术制作一些摄影机不能实现的或现实中不存在的奇妙效果，如水晶球中的奇妙世界、魔镜、海底探秘。于是他使用背景幕墙拍摄了一些素材，准备对这些素材进行抠像操作，保留画面中的主体对象，然后合成画面。

在此之前，李想要先梳理一下Premiere Pro 2022提供了哪些键控效果，以及各种键控效果适用的素材。

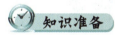

在"效果"面板的"视频效果"→"键控"节点下预设了几种便捷、高效的键控效果，如图7-19所示。

一、"Alpha调整"效果

"Alpha调整"效果可以根据参考画面的灰度等级决定应用该效果的素材的叠加效果，该效果的参数如图7-20所示。

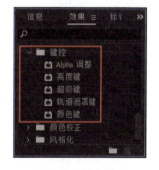

图7-19 键控效果

图 7-20 "Alpha 调整"效果的参数

- 不透明度：用于设置画面的不透明度。可以直接输入数值，也可以拖动滑块设置不透明度。该值越小，Alpha 通道中的图像越透明。
- 忽略 Alpha：勾选该复选框，可以忽略 Alpha 通道效果。
- 反转 Alpha：勾选该复选框，可以对 Alpha 通道进行反转处理。例如，对玫瑰花素材应用"Alpha 调整"效果，勾选该复选框前、后的效果如图 7-21 所示。

图 7-21 勾选"反转 Alpha"复选框前、后的效果

- 仅蒙版：勾选该复选框，可以将前景素材作为蒙版使用，仅显示 Alpha 通道的蒙版，不显示其中的图像。例如，对玫瑰花素材应用"Alpha 调整"效果，勾选该复选框前、后的效果如图 7-22 所示。

图 7-22 勾选"仅蒙版"复选框前、后的效果

实例——水晶球里的风景

本实例会对前景素材应用"Alpha 调整"效果，通过设置蒙版和不透明度，羽化蒙版边缘，使蒙版中的图片与水晶球背景图片叠加融合，从而制作水晶球里的风景。

（1）新建一个名为"水晶球里的风景"的项目，在项目面板中导入一个鸽子图片素材和一个水晶球图片素材，如图 7-23 所示。

（2）将水晶球图片素材拖动到时间轴面板中，自动新建一个序列。然后将鸽子图片素材拖动到视频轨道 V2 中，右击鸽子图片素材，在弹出的快捷菜单中选择"缩放为帧大小"命令。此时，在节目监视器面板中看到的画面效果如图 7-24 所示。

图 7-23　导入素材　　　　　　　图 7-24　初始画面效果

（3）在"效果"面板中，将"视频效果"→"键控"→"Alpha 调整"效果拖动到鸽子图片素材上。切换到"效果控件"面板，单击"Alpha 调整"节点下的"创建椭圆形蒙版"按钮◯，在鸽子图片素材上添加一个椭圆形蒙版。按住 Shift 键，调整椭圆形蒙版的大小和位置。此时，节目监视器面板中的画面效果如图 7-25 所示。

图 7-25　添加椭圆形蒙版后的画面效果

（4）在"效果控件"面板中的"Alpha 调整"节点下，展开"蒙版"节点，勾选"已反转"复选框，并且设置"不透明度"为"0.0%"，如图 7-26 所示。此时，节目监视器面板中的画面效果如图 7-27 所示。

（5）在"效果控件"面板中设置蒙版的羽化量，如图 7-28 所示。然后在节目监视器面板中调整蒙版的大小和位置，如图 7-29 所示。

影视编辑与制作

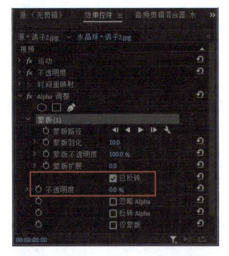

图 7-26 "Alpha 调整"效果的参数设置(一)

图 7-27 反转蒙版后的画面效果

图 7-28 "Alpha 调整"效果的参数设置(二)

图 7-29 调整蒙版的大小和位置

此时,在节目监视器面板中可以看到素材的边缘没有清除,下面使用"裁剪"效果裁剪素材的边缘。

(6)在"效果"面板中搜索并选中"裁剪"效果,如图 7-30 所示,然后将该效果拖动到鸽子图片素材上。

图 7-30 搜索并选中"裁剪"效果

（7）在"效果控件"面板中的"裁剪"节点下，参照节目监视器面板中的画面效果，调整"左侧"和"右侧"的裁剪量，如图7-31所示。此时，节目监视器面板中的最终画面效果如图7-32所示。

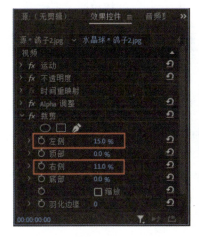

图7-31 "裁剪"效果的参数设置　　　　图7-32 最终画面效果

二、"亮度键"效果

"亮度键"效果可以将被叠加的图像灰度设置为透明的，并且保持色度不变，通常用于对明暗对比强烈的图像进行叠加，该效果的参数如图7-33所示。

图7-33 "亮度键"效果的参数

- 阈值：用于调整不透明区域的范围，该值越大，不透明区域的范围越大。
- 屏蔽度：用于设置不透明区域的不透明度，该值越大，不透明区域的不透明度越高。

实例——沙滩玫瑰

本实例通过对玫瑰花束图片素材应用"亮度键"效果，去除该素材的白色背景，然后将其与沙滩图片素材叠加在一起，从而制作出沙滩玫瑰合成效果图。

（1）新建一个名为"沙滩玫瑰"的项目，在项目面板中导入一个沙滩图片素材和一个玫瑰花束图片素材,分别如图 7-34 和图 7-35 所示。

图 7-34　沙滩图片素材

图 7-35　玫瑰花束图片素材

(2)将沙滩图片素材拖动到时间轴面板中,自动新建一个序列,然后将玫瑰花束图片素材拖动到视频轨道 V2 中。

(3)选中玫瑰花束图片素材,在"效果控件"面板中缩放并旋转该素材,然后调整该素材的显示位置,如图 7-36 所示。此时,节目监视器面板中的画面效果如图 7-37 所示。

图 7-36　玫瑰花束图片素材的参数设置

图 7-37　初始画面效果

(4)在"效果"面板中搜索并选中"亮度键"效果,然后将该效果拖动到玫瑰花束图片素材上。在"效果控件"面板中的"亮度键"节点下,调整阈值和屏蔽度,如图 7-38 所示。此时的画面效果如图 7-39 所示。

图 7-38　"亮度键"效果的参数设置

图 7-39　应用"亮度键"效果后的画面效果

（5）在"效果"面板中，将"透视"→"投影"效果拖动到玫瑰花束图片素材上。在"效果控件"面板中的"投影"节点下，设置"不透明度"为"80%"，如图 7-40 所示。此时的画面效果如图 7-41 所示。

图 7-40 "投影"效果的参数设置　　　　　图 7-41 最终画面效果

三、"超级键"效果

"超级键"效果可以将素材中指定的颜色及相近的颜色设置为透明的，该效果的参数如图 7-42 所示。

- 输出：用于设置素材的输出类型，包括"合成"、"Alpha 通道"和"颜色通道"共 3 个选项。
- 设置：用于设置抠像类型，包含"默认"、"弱效"、"强效"和"自定义"共 4 个选项。
- 主要颜色：用于选择要变透明的颜色。
- 遮罩生成：用于调整生成遮罩的方式，如图 7-43 所示。

图 7-42 "超级键"效果的参数

  - "透明度"：用于控制抠像源图像的透明度。
  - "高光"：用于增加源图像亮区的不透明度，可以提取细节。
  - "阴影"：用于增加源图像暗区的不透明度，可以校正因颜色溢出而变透明的黑暗元素。
  - "容差"：用于从背景中滤出前景图像中的颜色，可以移除由色偏引起的伪像。
  - "基值"：用于从 Alpha 通道中滤出通常由粒状或低光素材引起的杂色。
- 遮罩清除：用于调整抑制遮罩的属性，如图 7-44 所示。
  - "抑制"：用于缩小 Alpha 通道遮罩的大小。
  - "柔化"：用于模糊 Alpha 通道遮罩的边缘。
  - "对比度"：用于调整 Alpha 通道的对比度。
  - "中间点"：用于设置对比度的平衡点。
- 溢出抑制：用于调整溢出色彩的饱和度、范围、溢出补偿和亮度。
- 颜色校正：用于校正素材的饱和度、色相和明度。

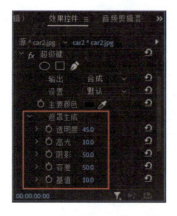
图 7-43 "遮罩生成"参数

图 7-44 "遮罩清除"参数

实例——鱼缸

本实例主要使用"超级键"效果抠除热带鱼图片素材的背景,将其与鱼缸图片素材叠加,从而在鱼缸中添加热带鱼。

(1)新建一个名为"鱼缸"的项目,在项目面板中导入一个鱼缸图片素材和两个热带鱼图片素材,如图 7-45 所示。

图 7-45 导入的素材

(2)将鱼缸图片素材拖动到时间轴面板中,自动新建一个序列,然后将一个热带鱼图片素材拖动到视频轨道 V2 中。此时,节目监视器面板中的画面效果如图 7-46 所示。

(3)在"效果"面板中,将"超级键"效果拖动到热带鱼图片素材上。打开"效果控件"面板,在"超级键"节点下,使用吸管工具 拾取热带鱼图片素材中的背景颜色,然后展开"遮罩生成"节点,设置"基值"为"95.0",如图 7-47 所示。此时,节目监视器面板中的画面效果如图 7-48 所示。

图 7-46 初始画面效果

(4)在"效果控件"面板中展开"运动"节点,调整热带鱼图片素材的位置和大小,如图 7-49 所示。此时的画面效果如图 7-50 所示。

图 7-47 "超级键"效果的参数设置

图 7-48 应用"超级键"效果后的画面效果

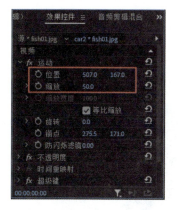
图 7-49 调整热带鱼图片素材的位置和大小

图 7-50 调整热带鱼图片素材的位置和大小后的画面效果

（5）在项目面板中，将第 2 个热带鱼图片素材拖动到视频轨道 V3 中，此时的画面效果如图 7-51 所示。

（6）选中视频轨道 V3 中的素材，在"效果控件"面板中调整该素材的大小和位置，如图 7-52 所示。

图 7-51 添加第 2 个热带鱼图片素材后的画面效果

图 7-52 调整第 2 个热带鱼图片素材的位置和大小

至此，本实例制作完成，最终画面效果如图 7-53 所示。

图 7-53　最终画面效果

四、"轨道遮罩键"效果

"轨道遮罩键"效果需要两个素材和一个遮罩，每个素材都位于各自的轨道中，使用遮罩在叠加的素材中通过调整亮度值设置蒙版的透明度。遮罩中的白色区域在叠加的素材中不透明，黑色区域透明，灰色区域半透明。该效果的参数如图 7-54 所示。

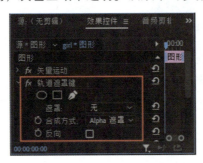

图 7-54　"轨道遮罩键"效果的参数

- 遮罩：用于选择用作遮罩的轨道。
- 合成方式：用于设置合成的类型，包含"Alpha 遮罩"和"亮度遮罩"共两个选项。
  ➤ "Alpha 遮罩"：使用轨道遮罩素材的 Alpha 通道进行合成。
  ➤ "亮度遮罩"：使用轨道遮罩素材的明亮度进行合成。
- 反向：勾选该复选框可以反转透明区域和不透明区域。

实例——魔镜

本实例主要使用"轨道遮罩键"效果，通过调整亮度值显示背景素材的特定区域，然后为背景素材添加关键帧，从而实现魔镜效果。

（1）新建一个名为"魔镜"的项目，在项目面板中导入一个镜子图片素材和一个魔幻场景图片素材，如图 7-55 所示。

（2）将镜子图片素材拖动到时间轴面板中，自动新建一个序列，然后将镜子图片素材拖动到视频轨道 V2 中，将魔幻场景图片素材拖动到视频轨道 V1 中。此时，节目监视器面板中的画面效果如图 7-56 所示。

项目 7 抠像与合成技术

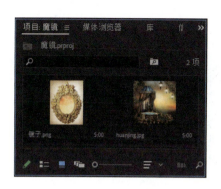

图 7-55 导入素材

图 7-56 初始画面效果

（3）选中魔幻场景图片素材，在"效果控件"面板中将其缩放为原来的 50%。

（4）在工具面板中选择"椭圆工具" ⊙，在节目监视器面板中绘制一个椭圆形，调整椭圆形的大小，使其与镜面的大小相同，然后打开"效果控件"面板，将椭圆形的填充颜色设置为黑色，如图 7-57 所示。此时，时间轴面板中自动新增了一条视频轨道，用于放置椭圆形素材。

（5）选中椭圆形素材，按 Ctrl+X 组合键剪切椭圆形素材，并且删除视频轨道中的椭圆形素材。在工具面板中选择"矩形工具" ▢，在节目监视器面板中绘制一个足够大的矩形，使其覆盖整个视频画面，将其填充颜色设置为白色，然后按 Ctrl+V 组合键，粘贴黑色椭圆形素材，将其作为遮罩素材，如图 7-58 所示。

图 7-57 绘制椭圆形并设置其填充颜色

图 7-58 创建遮罩素材

（6）在"效果"面板中搜索"轨道"，如图 7-59 所示，将找到的"轨道遮罩键"效果拖动到镜子图片素材上。然后在"效果控件"面板中的"轨道遮罩键"节点下，设置"遮罩"为"视频 3"、"合成方式"为"亮度遮罩"，如图 7-60 所示。此时，可以在节目监视器面板中看到应用"轨道遮罩键"效果后的画面效果，如图 7-61 所示。

169

影视编辑与制作

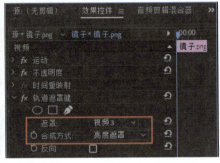

图7-59 在"效果"　　图7-60 "轨道遮罩键"效果的　　图7-61 应用"轨道遮罩键"
面板中搜索"轨道"　　　　　参数设置　　　　　　　效果后的画面效果

（7）选中魔幻场景图片素材，将播放指示器拖动到时间标尺的第 1 帧，然后在"效果控件"面板中单击"运动"节点下"位置"选项左侧的"切换动画"按钮 ，添加"位置"关键帧，如图 7-62 所示。

（8）将播放指示器拖动到第 1 秒的位置，单击"缩放"选项左侧的"切换动画"按钮 ，添加"缩放"关键帧，然后修改魔幻场景图片素材的位置，如图 7-63 所示。此时的画面效果如图 7-64 所示。

图7-62 添加"位置"　　图7-63 添加"缩放"关键帧和　　图7-64 画面效果（一）
关键帧（一）　　　　　　"位置"关键帧（一）

（9）将播放指示器拖动到第 2 秒的位置，修改魔幻场景图片素材的缩放比例和位置，如图 7-65 所示。此时的画面效果如图 7-66 所示。

（10）将播放指示器拖动到第 3 秒的位置，修改魔幻场景图片素材的位置，如图 7-67 所示。此时的画面效果如图 7-68 所示。

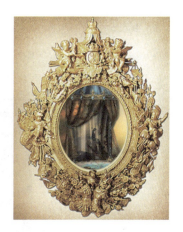

图 7-65　添加"缩放"关键帧和"位置"关键帧(二)　　图 7-66　画面效果(二)

图 7-67　添加"位置"关键帧(二)　　图 7-68　画面效果(三)

(11)将播放指示器拖动到第 4 秒的位置,修改魔幻场景素材的缩放比例和位置,如图 7-69 所示。此时的画面效果如图 7-70 所示。

图 7-69　添加"缩放"关键帧和"位置"关键帧(三)　　图 7-70　画面效果(四)

(12)将播放指示器拖动到时间标尺的起始位置,按空格键即可预览视频效果。

五、"颜色键"效果

"颜色键"效果是抠像常用的键控效果,该效果只修改素材的 Alpha 通道,用于抠出所有类似于指定主要颜色的图像像素,该效果的参数如图 7-71 所示。

图 7-71 "颜色键"效果的参数

- 主要颜色:用于设置抠像的目标颜色,默认为蓝色。
- 颜色容差:用于设置主要颜色的透明度容差。
- 边缘细化:用于设置边缘的平滑程度。
- 羽化边缘:用于设置边缘的柔和程度。

实例——外景拍摄

本实例主要使用"颜色键"效果进行绿屏抠像,将抠取的图像与动态背景合成,并且通过添加"镜头光晕"关键帧和"亮度"关键帧,模拟外景拍摄的效果。

(1)新建一个名为"外景拍摄"的项目,在项目面板中导入一个绿屏人像素材和一个动态户外场景素材,如图 7-72 所示。

(2)将动态户外场景素材拖动到时间轴面板中,自动新建一个序列,然后将绿屏人像素材拖动到视频轨道 V2 中。右击绿屏人像素材,在弹出的快捷菜单中选择"缩放为帧大小"命令。此时,节目监视器面板中的画面效果如图 7-73 所示。

图 7-72 导入的素材　　　　　图 7-73 初始画面效果

(3)将"效果"面板中的"颜色键"效果拖动到绿屏人像素材上,然后在"效果控件"面板中的"颜色键"节点下,使用吸管工具 拾取绿屏人像素材中的绿色,调整颜色容差、边缘细化和羽化边缘，如图7-74所示。此时，可以在节目监视器面板中看到应用"颜色键"效果后的画面效果如图7-75所示。

图7-74 "颜色键"效果的参数设置　　图7-75 应用"颜色键"效果后的画面效果

（4）将播放指示器拖动到时间标尺的第1帧，在"效果"面板中搜索"镜头光晕"，如图7-76所示，然后将找到的"镜头光晕"效果拖动到绿屏人像素材上。此时的画面效果如图7-77所示。

图7-76 在"效果"面板中搜索"镜头光晕"　　图7-77 应用"镜头光晕"效果后的画面效果

（5）在"效果控件"面板中的"镜头光晕"节点下，设置光晕中心和光晕亮度，如图7-78所示，然后单击这两个选项左侧的"切换动画"按钮，添加相应的关键帧。此时的画面效果如图7-79所示。

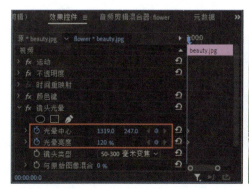

图7-78 设置"镜头光晕"效果的参数　　图7-79 画面效果（一）
　　　　　并添加关键帧（一）

（6）将播放指示器拖动到第 2 秒的位置，在"效果控件"面板中的"镜头光晕"节点下修改光晕中心和光晕亮度，如图 7-80 所示。此时的画面效果如图 7-81 所示。

图 7-80　设置"镜头光晕"效果的参数
　　　　　并添加关键帧（二）

图 7-81　画面效果（二）

（7）将播放指示器拖动到第 3 秒的位置，在"效果控件"面板中的"镜头光晕"节点下修改光晕中心和光晕亮度，如图 7-82 所示。此时的画面效果如图 7-83 所示。

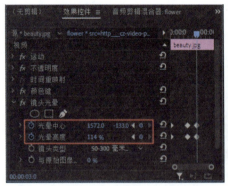 

图 7-82　设置"镜头光晕"效果的参数
　　　　　并添加关键帧（三）

图 7-83　画面效果（三）

（8）在时间轴面板中调整绿屏人像素材的出点，使其与动态户外场景素材的出点相同，如图 7-84 所示。

图 7-84　调整绿屏人像素材的出点

（9）将播放指示器拖动到时间标尺的起始位置，按空格键即可预览视频效果。

任务 3　蒙版与跟踪

任务引入

周末，李想在看一档新闻栏目时，看到为了保护当事人的隐私，在画面中当事人的面部打上了马赛克，并且马赛克会随着人物面部位置的改变自动跟随、缩放和旋转变换。李想的好奇心被调动起来了，一帧一帧地添加马赛克效果显然是不现实的，作为一款专业的视频编辑软件，Premiere 能否实现这样的效果呢？

通过查阅相关资料，他知道了"效果控件"面板中的一个功能强大的工具——蒙版。那么，Premiere 提供了哪些创建蒙版的工具呢？怎样利用蒙版实现常见的人脸跟踪效果呢？

知识准备

可以将蒙版理解为选框的外部。使用蒙版可以在素材中指定要显示或应用效果的特定区域，通常用于制作各种奇妙的合成影像。

在"效果控件"面板中，展开效果节点，可以看到 Premiere 提供了 3 种创建蒙版的工具，分别为"创建椭圆形蒙版"工具 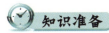、"创建 4 点多边形蒙版"工具 ■ 和"自由绘制贝塞尔曲线"工具 ✎，如图 7-85 所示。

在时间轴面板中选中需要添加蒙版的素材，然后在"效果控件"面板中的效果节点下选择创建蒙版的工具，即可在所选素材上添加蒙版。

图 7-85　创建蒙版的工具

一、使用形状工具创建蒙版

Premiere Pro 2022 提供了两种创建蒙版的形状工具，分别为"创建椭圆形蒙版"工具 ● 和"创建 4 点多边形蒙版"工具 ■。

（1）在序列中选中要应用蒙版的素材，然后在"效果控件"面板中展开"不透明度"节点。

（2）单击所需的形状工具，即可在所选素材上添加一个指定形状的蒙版。以"创建椭圆形蒙版"工具 ● 为例，添加蒙版前、后的效果如图 7-86 所示。

在素材上添加蒙版后，即可在"效果控件"面板中看到蒙版的参数，如图 7-87 所示。

图 7-86 添加蒙版前、后的效果

图 7-87 蒙版的参数

- 蒙版路径：用于对蒙版进行跟踪设置。
- 蒙版羽化：用于设置蒙版边缘逐渐模糊和不透明度，从而使素材更好地与背景融合。当设置该值时，在节目监视器面板中，会使用虚线显示羽化参考线，将控制手柄拖离羽化参考线可以增加羽化量，将控制手柄拖向羽化参考线可以减少羽化量。
- 蒙版不透明度：用于修改已裁剪素材的不透明度，该值越小，蒙版下方的区域越清晰，当该值为 100.0% 时，蒙版完全不透明，遮挡其下方的区域。
- 蒙版扩展：用于移动蒙版的边界，如果该值为正数，则会将蒙版边界外移；如果该值为负数，则会将蒙版边界内移。此外，在节目监视器面板中向外拖动扩展参考线，可以扩展蒙版区域；在节目监视器面板中向内拖动扩展参考线，可以收缩蒙版区域。
- 已反转：用于将蒙版区域和未蒙版区域互换。

（3）拖动蒙版上的方形控制手柄，可以调整蒙版的形状和大小；拖动蒙版上的圆形控制手柄，可以移动控制手柄的位置；拖动蒙版上的菱形控制手柄，可以调整蒙版扩展量；拖动蒙版上的圆环形控制手柄，可以调整蒙版羽化量，如图 7-88 所示。扩展蒙版的效果如图 7-89 所示。

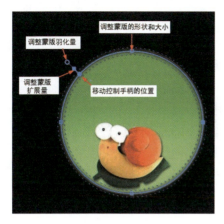 

图 7-88　蒙版的控制手柄　　　　　图 7-89　扩展蒙版的效果

二、使用贝赛尔曲线创建蒙版

使用"自由绘制贝塞尔曲线"工具 ，可以通过绘制直线和曲线创建任意形状的蒙版。

（1）在序列中选中要应用蒙版的素材，然后在"效果控件"面板中展开"不透明度"节点。

（2）单击"自由绘制贝塞尔曲线"按钮 ，鼠标指针会显示为 。在节目监视器面板中的素材上单击，即可添加一个路径点，如图 7-90 所示。

（3）在第 1 个路径点上单击，即可结束蒙版绘制，在素材上添加一个指定形状的蒙版，如图 7-91 所示。

图 7-90　添加路径点　　　　　图 7-91　在素材上添加一个指定形状的蒙版

（4）将鼠标指针移动到蒙版的一个路径点上，当鼠标指针显示为 时，按住鼠标左键并拖动鼠标，可以移动路径点的位置，从而调整蒙版的形状。

（5）将鼠标指针移动到两个路径点之间，当鼠标指针显示为 时，单击即可在指定位置添加一个路径点。

实例——山水画卷

本实例通过为山水画图片素材添加形状蒙版，并且将其与空白画轴图片素材进行合成,制作一幅山水画卷。

(1)新建一个名为"画卷"的项目,在项目面板中导入一个空白画轴图片素材和一个山水画图片素材,分别如图 7-92 和图 7-93 所示。

图 7-92　空白画轴图片素材

图 7-93　山水画图片素材

(2)将空白画轴图片素材拖动到时间轴面板中,自动新建一个序列,然后将山水画图片素材拖动到视频轨道 V2 中。右击山水画图片素材,在弹出的快捷菜单中选择"缩放为帧大小"命令。此时,节目监视器面板中的画面效果如图 7-94 所示。

(3)打开"效果控件"面板,调整山水画图片素材的缩放比例和位置,如图 7-95 所示。

图 7-94　初始画面效果

图 7-95　调整山水画图片素材的缩放比例和位置

(4)选中山水画图片素材,然后在"效果控件"面板中展开"不透明度"节点,单击"创建 4 点多边形蒙版"按钮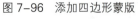,即可在素材上添加一个默认大小的四边形蒙版,如图 7-96 所示。

(5)拖动四边形蒙版 4 个角上的控制手柄,调整四边形蒙版的大小,如图 7-97 所示。

图 7-96　添加四边形蒙版

图 7-97　调整四边形蒙版的大小

(6)将鼠标指针移动到四边形蒙版中的一个控制手柄附近,当鼠标指针显示为 时单击,在控制手柄附近添加两个路径点。采用同样的方法,在四边形蒙版中其他 3 个控制手柄附近各添加两个路径点。

（7）调整路径点的位置，使四边形蒙版的形状尽量接近空白画轴图片素材中的圆角矩形，如图7-98所示。

图7-98 添加路径点并调整四边形蒙版的形状

（8）在"效果控件"面板中的"蒙版"节点下，设置"蒙版羽化"为"0.0"、"蒙版扩展"为"4.0"，如图7-99所示。

图7-99 四边形蒙版的参数设置

（9）单击"效果控件"面板的空白区域，取消显示蒙版，可以查看蒙版效果。然后根据需要微调路径点的位置，使其与画轴图片素材中的圆角矩形贴合，最终画面效果如图7-100所示。

图7-100 最终画面效果

三、跟踪蒙版

在 Premiere 中，在将蒙版应用于对象后，蒙版会自动跟踪对象，可以跟随对象从一帧移动到另一帧。例如，在使用蒙版为某个人物的脸部添加马赛克后，该蒙版可以自动跟踪被遮挡人物移动时的面部位置。

在"效果控件"面板中展开"蒙版"节点，利用蒙版跟踪工具可以对蒙版进行跟踪设置。蒙版跟踪工具如图 7-101 所示。

在利用蒙版跟踪工具对蒙版进行跟踪设置时，可以选择一次跟踪一帧，也可以选择一直跟踪到序列结束。单击"跟踪方法"按钮，在弹出的下拉菜单中选择蒙版跟踪方式，如图 7-102 所示。

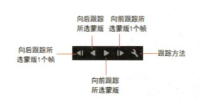

图 7-101 蒙版跟踪工具

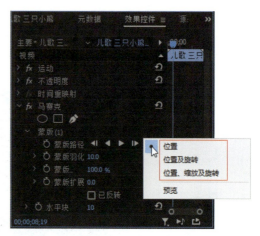

图 7-102 选择蒙版跟踪方式

- ✓ 位置：在帧之间只跟踪蒙版位置。
- ✓ 位置及旋转：在跟踪蒙版位置的同时，根据各帧的需要更改旋转情况。
- ✓ 位置、缩放及旋转：在跟踪蒙版位置的同时，随着帧的移动而自动缩放和旋转。

在默认情况下，实时预览功能被禁用，以便更快地进行蒙版跟踪。如果要启用实时预览功能，那么在图 7-102 中的下拉菜单中选择"预览"命令即可。

实例——人脸跟踪

本实例主要为视频素材添加"马赛克"效果，通过蒙版对指定人物的面部进行打码，然后向前跟踪蒙版，模糊视频素材其他帧中的人物面部。

（1）使用默认参数新建一个项目"人脸跟踪.prproj"。在项目面板中导入一个视频素材，将其拖动到时间轴面板中，自动新建一个序列。

（2）在"效果"面板中，将"风格化"节点下的"马赛克"效果拖动到视频素材上，采用默认参数设置，如图 7-103 所示。

（3）在"效果控件"面板中的"马赛克"节点下单击"创建椭圆形蒙版"按钮，即可在视频素材上添加一个椭圆形蒙版，在节目监视器面板中调整椭圆形蒙版的大小和位置，可以看到只有蒙版区域显示"马赛克"效果，如图 7-104 所示。

项目 7　抠像与合成技术

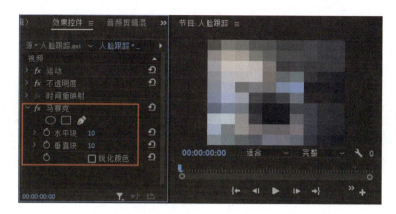

图 7-103　为素材添加"马赛克"效果

图 7-104　添加椭圆形蒙版

（4）在"蒙版"节点下单击"跟踪方法"按钮，在弹出的下拉菜单中选择"位置、缩放及旋转"命令，如图 7-105 所示。

（5）单击"向前跟踪所选蒙版"按钮，弹出"正在跟踪"对话框，用于显示处理进度；在处理完成后，在"效果控件"面板中可以看到系统自动添加了关键帧，如图 7-106 所示。

图 7-105　选择"位置、缩放及旋转"命令

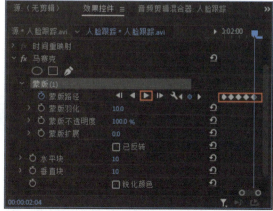

图 7-106　向前跟踪所选蒙版

181

（6）在节目监视器面板中拖动播放指示器，可以看到，椭圆形蒙版可以自动调整位置和大小，以便遮挡特定区域，如图 7-107 所示。

图 7-107　蒙版跟踪效果

> **提示**
>
> 在对蒙版进行跟踪设置时，蒙版不一定能完全按照预期的路径对指定对象进行跟踪。在这种情况下，可以将鼠标指针移动到蒙版上，当指针显示为🖐时，按住鼠标左键并拖动鼠标，将蒙版移动到指定位置，调整蒙版路径。

项目总结

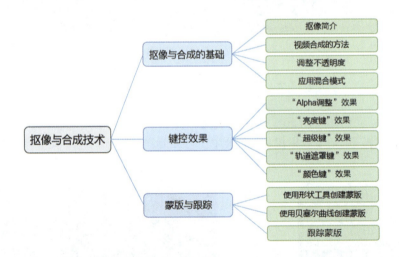

项目实战

实战 1：舞台灯光

本实战通过为视频素材设置不透明度、指定光照效果、修改"四色渐变"效果的混合模式并添加关键帧，模拟演唱会舞台的灯光效果；并且为音频素材添加关键帧，通过在效果图形线上移动关键帧,实现音乐淡入淡出的效果。

(1)使用默认参数新建一个项目"演唱会.prproj"。在项目面板中导入一个乐器演奏的视频素材和一个音频素材,将视频素材拖动到时间轴面板中,自动新建一个序列,如图 7-108 所示。在图 7-108 中可以看到,本实战导入的视频素材中包含音频。

(2)将播放指示器拖动到视频素材的第 1 帧,在"效果控件"面板中的"不透明度"节点下,设置"不透明度"为"30.0%",然后单击"不透明度"选项左侧的"切换动画"按钮,添加起始关键帧,如图 7-109 所示。

图 7-108 新建的序列

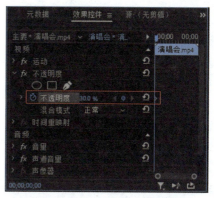
图 7-109 添加起始关键帧

(3)打开"效果"面板,在顶部的搜索框中输入"光照",将"视频效果"→"调整"→"光照效果"效果拖动到视频素材上。切换到"效果控件"面板,在"光照效果"节点下,设置"光照 1"的"光照类型"为"点光源"、"光照颜色"为黄色,并且分别单击"光照类型"、"光照颜色"和"中央"选项左侧的"切换动画"按钮,添加属性关键帧,如图 7-110 所示。

(4)将播放指示器拖动到合适的位置,切换到"效果控件"面板,在"不透明度"节点下,设置"不透明度"为"100.0%";在"光照效果"节点下,设置"光照 1"的"光照类型"为"全光源",修改光照的中央位置,系统会自动在当前位置添加相应的属性关键帧,如图 7-111 所示,然后单击"主要半径"选项左侧的"切换动画"按钮,添加属性关键帧。

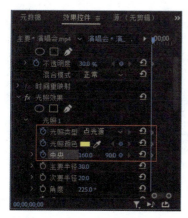
图 7-110 设置光照效果并添加关键帧

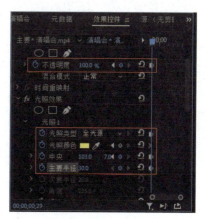
图 7-111 修改不透明度和光照效果并添加关键帧

（5）将播放指示器拖动到合适的位置，切换到"效果控件"面板，在"光照效果"节点下，修改"光照1"的光照颜色、中央位置和主要半径，系统会自动在当前位置添加相应的属性关键帧，如图7-112所示。

（6）将播放指示器拖动到合适的位置，切换到"效果控件"面板，在"光照效果"节点下，修改"光照1"的光照颜色和中央位置，系统会自动在当前位置添加相应的属性关键帧，如图7-113所示。

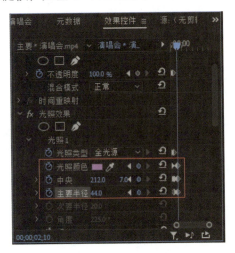
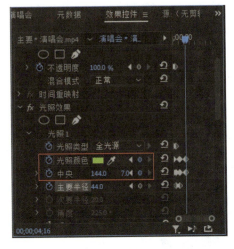

图7-112 修改光照效果并添加关键帧（一）　　图7-113 修改光照效果并添加关键帧（二）

（7）将播放指示器拖动到合适的位置，切换到"效果控件"面板，在"光照效果"节点下，修改"光照1"的光照颜色和中央位置，系统会自动在当前位置添加相应的属性关键帧，如图7-114所示。

（8）将播放指示器拖动到合适的位置，在工具面板中选择"剃刀工具"，分割视频素材，然后将视频素材分割点右侧的素材片段拖动到视频轨道V2中，如图7-115所示。

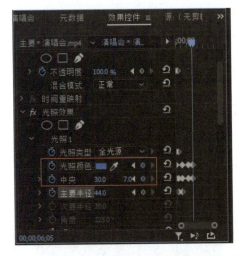
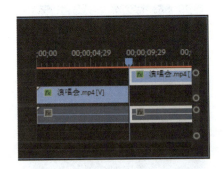

图7-114 修改光照效果并添加关键帧（三）　　图7-115 分割视频素材并移动素材片段

（9）选中视频轨道 V2 中的视频素材，切换到"效果控件"面板，在"不透明度"节点下，设置"不透明度"为"60.0%"；单击"光照效果"节点左侧的"切换效果开关"按钮 fx，禁用光照效果。将"四色渐变"效果拖动到视频素材上，在"效果控件"面板中的"四色渐变"节点下，设置"混合模式"为"叠加"，单击"切换动画"按钮，添加属性关键帧，如图 7-116 所示。

（10）将播放指示器拖动到合适的位置，切换到"效果控件"面板，在"不透明度"节点下，设置"不透明度"为"100.0%"；在"四色渐变"节点下，设置"混合模式"为"柔光"，系统会自动在当前位置添加相应的属性关键帧，如图 7-117 所示。

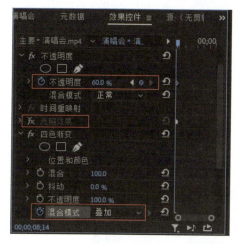

图 7-116 设置"四色渐变"效果的
混合模式并添加关键帧

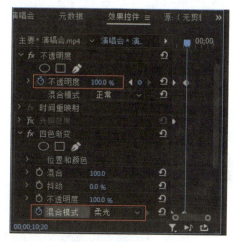

图 7-117 修改不透明度和"四色渐变"效果的
混合模式并添加关键帧

（11）使用步骤（10）中的方法，在不同的时间点修改"四色渐变"效果的混合模式，系统会自动在指定位置添加相应的属性关键帧，如图 7-118～图 7-121 所示。

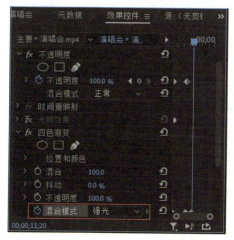

图 7-118 修改"四色渐变"效果的
混合模式并添加关键帧（一）

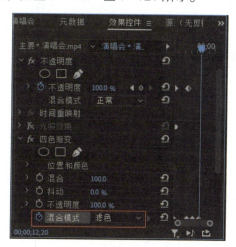

图 7-119 修改"四色渐变"效果的
混合模式并添加关键帧（二）

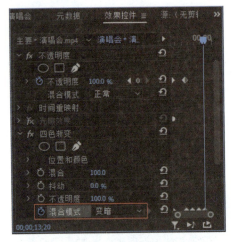
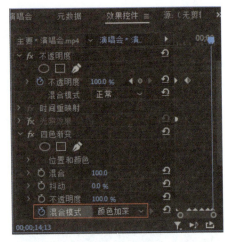

图7-120 修改"四色渐变"效果的
混合模式并添加关键帧(三)

图7-121 修改"四色渐变"效果的
混合模式并添加关键帧(四)

接下来为动画配乐。

(12)在项目面板中,将导入的音频素材拖动到音频轨道A2中,使用"剃刀工具" 分割音频素材,并且删除多余的素材片段,如图7-122所示。

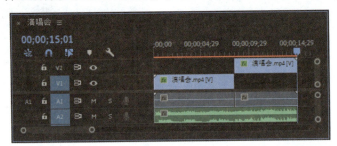

图7-122 分割音频素材并删除多余的素材片段

(13)展开音频轨道A2,显示关键帧控件,分别将播放指示器拖动到音频的起始帧位置和结束帧位置,单击"添加-移除关键帧"按钮 ,添加关键帧,如图7-123所示。

图7-123 添加起始关键帧和结束关键帧

(14)分别将播放指示器拖动到起始帧后两秒的位置和结束帧前两秒的位置,单击"添加-移除关键帧"按钮 ,添加关键帧,如图7-124所示。

图 7-124 添加关键帧

（15）分别向下拖动起始关键帧和结束关键帧，设置起始关键帧和结束关键帧的音量，如图 7-125 所示。

图 7-125 设置起始关键帧和结束关键帧的音量

（16）将播放指示器拖动到时间标尺的第 1 帧，按空格键，即可预览动画效果。

实战 2：海底探秘

本实战主要使用"轨道遮罩键"效果实现通过放大镜查看海底世界的效果。

（1）使用默认参数新建一个项目"海底探秘.prproj"。在项目面板中导入一个鱼群图片素材、一个深海图片素材和一个放大镜图片素材，将鱼群图片素材拖动到时间轴面板中，自动新建一个序列，然后将深海图片素材和放大镜图片素材分别拖动到视频轨道 V2 和 V3 中，如图 7-126 所示。此时，节目监视器面板中的画面效果如图 7-127 所示。

图 7-126 在时间轴面板中添加素材　　　图 7-127 初始画面效果

（2）在工具面板中选择"椭圆工具" ，在节目监视器面板中绘制一个圆形，调整圆形的大小，使其与放大镜镜片的大小相同。打开"效果控件"面板，将圆形的填充颜色设置为黑色，效果如图 7-128 所示。此时，时间轴面板中自动新增了一条视频轨道，用于放置圆形素材。

（3）选中圆形素材，按 Ctrl+X 组合键剪切圆形素材，并且删除视频轨道中的圆形素材。在工具面板中选择"矩形工具" ▢ ，在节目监视器面板中绘制一个足够大的矩形，将其填充颜色设置为白色，然后按 Ctrl+V 组合键粘贴黑色圆形素材，将其作为遮罩素材，如图 7-129 所示。

图 7-128　绘制圆形并设置其填充颜色　　　　图 7-129　创建遮罩素材

（4）打开"效果"面板，将"视频效果"→"键控"→"轨道遮罩键"效果拖动到深海图片素材上。打开"效果控件"面板，在"轨道遮罩键"节点下，设置"遮罩"为"视频4"、"合成方式"为"亮度遮罩"。此时，节目监视器面板中的画面效果如图 7-130 所示。

（5）将播放指示器拖动到时间标尺的第 1 帧，选中遮罩素材，在"效果控件"面板中单击"位置"选项左侧的"切换动画"按钮 ◉ ，添加"位置"起始关键帧。然后选中放大镜图片素材，使用同样的方法添加"位置"起始关键帧。

（6）将播放指示器拖动到合适的位置，选中遮罩素材，在"效果控件"面板中修改"位置"属性的相关设置，移动遮罩素材的位置，系统会自动在当前位置添加"位置"关键帧，如图 7-131 所示。

（7）选中放大镜图片素材，在"效果控件"面板中的"位置"节点下，修改"位置"属性的相关设置，移动放大镜图片素材的位置，系统会自动在当前位置添加"位置"关键帧，如图 7-132 所示。

图 7-130　应用"轨道遮罩键"　　图 7-131　移动遮罩素材　　图 7-132　移动放大镜图片素材
　　　　效果后的画面效果　　　　　的位置并添加"位置"关键帧　　的位置并添加"位置"关键帧

（8）将播放指示器拖动到合适的位置，使用步骤（6）～（7）中的方法移动遮罩素材及放大镜图片素材的位置，系统会自动在当前位置添加"位置"关键帧，如图 7-133 所示。

图 7-133 移动遮罩素材和放大镜图片素材的位置并添加"位置"关键帧

至此,本实战制作完成。读者可以通过添加更多关键帧细化动画效果。

(9)将播放指示器拖动到时间标尺的第 1 帧,按空格键,即可在节目监视器面板中预览动画效果,如图 7-134 所示。

图 7-134 预览动画效果

项目 8

画面调色

思政目标

- 善于观察和学习,培养感受美、表现美、鉴赏美及创造美的能力。
- 充分发挥主观能动性,培养勤于动手、乐于实践的学习习惯。

技能目标

- 能够应用效果调整视频画面的颜色。
- 能够组合多种效果进行画面调色。

项目导读

调色是指将特定的色调加以改变,形成不同的颜色效果。调色在视频后期处理中占据非常重要的地位,它不仅可以使素材更漂亮,还可以使视频作品的整体画面更和协。在 Premiere 中,可以使用多种调色效果对素材的色彩进行调整、校正,创建与作品主题相匹配的色调,从而更贴切地表达作品内涵。

本项目主要介绍在 Premiere 中对素材进行调色的流程,以及调色效果的使用方法。

任务 1　色彩的基础知识

任务引入

李想在预览视频画面时，感觉有些素材色调与画面要表达的意境不符。例如，低饱和度的水果素材很难让观众感受到秋季的色彩绚烂。要调出与画面意境相得益彰的色调，首先需要了解色彩的基础知识，如色彩的构成要素、不同色彩模式的应用范围。

知识准备

一、色彩的构成要素

色彩由色相、饱和度和明度共 3 个要素构成。

色相又称为色调，是指画面整体的颜色倾向，用于区分光谱上的不同部分，如红、橙、黄、绿、青、蓝、紫等。根据有无色相属性，可以将色彩分为两大类：无彩色和有彩色。无彩色是指白色、黑色及由白色和黑色调和形成的灰色，没有色相属性，饱和度为零，使用明度进行度量。有彩色是指除黑色、白色和灰色外的其他颜色，光的波长决定色相，振幅决定明度。

饱和度是指色彩的纯度，纯度越高，色彩越鲜艳；纯度越低，色彩越暗淡。低饱和度与高饱和度的效果对比如图 8-1 所示。

图 8-1　低饱和度与高饱和度的效果对比

明度是指色彩的明亮程度，用于区分色彩的明暗层次，这种明暗层次决定了色彩亮度的强弱。低明度与高明度的效果对比如图 8-2 所示。

图 8-2　低明度与高明度的效果对比

二、色彩模式

色彩模式是数字世界中表示颜色的一种算法。由于靠色光直接合成颜色的颜色设备（如显示器、投影仪和扫描仪）与靠颜料合成颜色的印刷设备（如打印机、印刷机）的成色原理不同，因此它们在生成颜色的方式上也有所区别。

常用的色彩模式有以下几种。

- RGB 模式：自然界中所有肉眼能看到的颜色都是由红色、绿色和蓝色按照不同的强度组合而成的，也就是通常所说的三原色原理，这种模式又称为加色模式。通过改变每个像素点上每个基色的亮度（256 个亮度级），可以将这 3 种颜色调制为成千上万种颜色。RGB 模式的颜色数值是十进制数，取值范围是 0～255。该模式适用于显示器、投影仪、扫描仪和数码相机等设备。
- CMYK 模式：该模式由青色（C）、洋红色（M）、黄色（Y）和黑色（K）组成。与 RGB 模式刚好相反，CMYK 模式通过减少光线产生色彩，也就是通常所说的减色原理。CMYK 模式一般在印刷领域使用，适用于打印机和印刷机等设备。
- Lab 模式：该模式由 RGB 模式转换而来，由一个无色通道 L、颜色通道 a（red-green 通道）和颜色通道 b（yellow-blue 通道）组成，是一种比较接近人眼视觉显示的颜色模式。
- HSB 模式：该模式以色调（Hue）、饱和度（Saturation）和亮度（Brightness）的值表示颜色，比较符合人的主观感受。

任务 2　调色效果

任务引入

李想发现奶奶最近总是翻看一本旧相册，里面有张照片前不久被淘气的小侄子弄丢了。李想记得那是奶奶在离开老家时，爸爸拍摄的一张老家照片。经过这么多年，照片已经发黄了，四周也有了斑驳的痕迹。李想刚好有前几年在途经老家时拍的一张照片，那时老家的变化还不太大。他决定利用 Premiere 的调色效果帮奶奶还原那张老照片。

Premiere 提供了丰富的调色效果，这些效果分别能呈现什么样的画面风格呢？他该选用什么效果还原老照片呢？

知识准备

Premiere 提供了丰富的调色效果，用于调整画面色彩。本任务主要介绍利用视频效果中的"图像控制"类效果、"调整"类效果、"颜色校正"类效果和"过时"类效果对素材进行调色的方法。

一、"图像控制"类效果

"图像控制"类效果位于"效果"面板中的"视频效果"→"图像控制"节点下,包含 4 种用于平衡画面色彩的效果,如图 8-3 所示。

下面简要介绍"图像控制"类效果的功能与应用"图像控制"类效果后的画面效果,原始图片如图 8-4 所示。

图 8-3 "图像控制"类效果　　　　　图 8-4 原始图片

- Color Pass(颜色过滤):将一个素材中指定的单一颜色和其相近颜色外的其他颜色转化为灰度;如果勾选 Reverse(反向)复选框,则将指定的颜色和其相近的颜色转化为灰度,对比勾选 Reverse 复选框前、后的画面效果,如图 8-5 所示。

图 8-5　Color Pass 效果的参数设置及勾选 Reverse 复选框前、后的画面效果对比

- Color Replace(颜色替换):使用选择的替换颜色(Replace Color)替换画面中指定的目标颜色(Target Color)。例如,使用青色替换部分黄色,参数设置及其画面效果如图 8-6 所示。

图 8-6　Color Replace 效果的参数设置及其画面效果

- Gamma Correction（伽马校正）：通过设置 Gamma（伽马）的值（灰度系数），调整素材的明暗程度，如图 8-7 所示。

图 8-7　Gamma Correction 效果的参数设置及其画面效果

- 黑白：该效果没有参数值，直接将彩色画面转换为黑白画面，如图 8-8 所示。

图 8-8　"黑白"效果的参数设置及其画面效果

实例——变化的天空

本实例利用 "Color Pass" 效果将风景图片素材中的蓝色变为灰色，然后将其与蓝天白云图片素材进行合成，更换素材中的天空。

（1）新建一个名为"变化的天空"的项目，在项目面板中导入一个风景图片素材，如图 8-9 所示，然后将该素材拖动到时间轴面板中，自动新建一个序列。

（2）将"效果"面板中的 Color Pass 效果拖动到风景图片素材上，在节目监视器面板中可以看到素材变为灰度图像，如图 8-10 所示。

图 8-9　原始图像　　　　　　图 8-10　应用 Color Pass 效果后的初始画面效果

（3）在"效果控件"面板中的 Color Pass 节点下使用 Color（颜色）选项右侧的吸

管工具 拾取风景图片素材中的天空颜色，然后调整 Similarity（相似性）选项的值，将素材中的蓝色变为灰色，如图 8-11 所示。此时，在节目监视器面板中可以看到滤色后的画面效果，如图 8-12 所示。

图 8-11　Color Pass 效果的参数设置　　　图 8-12　滤色后的画面效果

（4）在项目面板中导入一个蓝天白云图片素材，如图 8-13 所示。然后将蓝天白云图片素材拖动到视频轨道 V2 中。

（5）在"效果控件"面板中展开"运动"节点，首先取消勾选"等比缩放"复选框，然后分别调整蓝天白云图片素材的缩放高度和缩放宽度，最后调整蓝天白云图片素材的位置，如图 8-14 所示。

图 8-13　蓝天白云图片素材　　　图 8-14　调整蓝天白云图片素材的缩放高度、缩放宽度和位置

（6）展开"不透明度"节点，设置蓝天白云图片素材的"不透明度"为"50.0%"、"混合模式"为"叠加"，如图 8-15 所示。此时，节目监视器面板中的最终画面效果如图 8-16 所示。

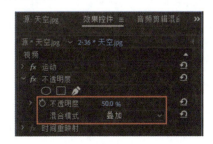

图 8-15　设置蓝天白云图片素材的不透明度和混合模式　　　图 8-16　最终画面效果

二、"调整"类效果

"调整"类效果位于"效果"面板中的"视频效果"→"调整"节点下,包含 4 种用于调整素材明暗度的效果,如图 8-17 所示。

图 8-17 "调整"类效果

下面简要介绍"调整"类效果的功能与应用"调整"类效果后的画面效果,原始图片如图 8-18 所示。

图 8-18 原始图片

- Extract(提取):从素材中移除指定范围的颜色,将彩色画面转换为黑白画面。移除明亮值小于指定黑色阶或大于指定白色阶的像素,如图 8-19 所示。

图 8-19 Extract 效果的参数设置及其画面效果

- Levels(色阶):将画面的亮度、对比度和色彩平衡等参数的调整功能组合在一起,用于调整素材的明暗层次关系,如图 8-20 所示。

图 8-20 Levels 效果的参数设置及其画面效果

- ProcAmp（基本信号控制）：模仿标准电视设备上的处理放大器，用于调整素材的亮度、对比度、色相和饱和度，并且可以拆分视图，对比应用该效果前、后的画面效果，如图 8-21 所示。

图 8-21 ProcAmp 效果的参数设置及应用该效果前、后的画面效果对比

- 光照效果：用于模拟灯光照射在物体上的光照效果，如图 8-22 所示。

图 8-22 "光照效果"效果的参数设置及其画面效果

三、"颜色校正"类效果

"颜色校正"类效果位于"效果"面板中的"视频效果"→"颜色校正"节点下，包含 7 种用于细致校正素材画面色彩的效果，如图 8-23 所示。

下面简要介绍"颜色校正"类效果的功能与应用"颜色校正"类效果后的画面效果，原始图片如图 8-24 所示。

图 8-23 "颜色校正"类效果　　　　　图 8-24 原始图片

- ASC CDL（色彩决策表）：用于调整素材的红色、绿色和蓝色的色相及饱和度，如图 8-25 所示。

图 8-25 ASC CDL 效果的参数设置及其画面效果

- Brightness & Contrast（亮度与对比度）：用于调整所有像素的亮度和对比度，如图 8-26 所示。

图 8-26 Brightness & Contrast 效果的参数设置及其画面效果

- Lumetri 颜色：用于调整素材的色温和色调，添加晕影，如图 8-27 所示。

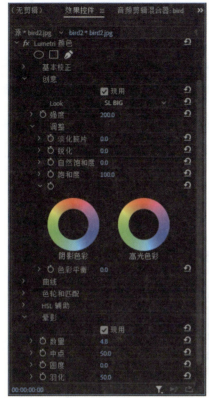

图 8-27 "Lumetri 颜色"效果的参数设置及其画面效果

- 广播颜色：可以根据广播区域设置，调整超出所设置的最大信号振幅的所有像素，用于确保电平合法。可以通过降低像素的明亮度、降低像素的饱和度、抠出不安全区域或抠出安全区域，显示受该效果影响的像素。例如，设置"最大信号振幅"为"90 IRE"、"确保颜色安全的方法"为"抠出不安全区域"，效果如图 8-28 所示。

图 8-28 "广播颜色"效果的参数设置及其画面效果

- 色彩：通过指定的颜色对画面进行颜色映射处理，如图 8-29 所示。

图 8-29 "色彩"效果的参数设置及其画面效果

- 视频限制器：提供了视频级别的精确控制，用于对画面中的颜色值进行限幅调整。不是裁剪掉图像的过亮部分，而是压缩图像，使其范围变大，从而获得自然效果，如图 8-30 所示。

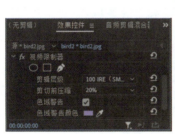

图 8-30 "视频限制器"效果的参数设置及其画面效果

- 颜色平衡：用于调整素材的阴影、中间调，以及高光中红色、绿色、蓝色所占的比例，如图 8-31 所示。

图 8-31 "颜色平衡"效果的参数设置及其画面效果

实例——复古照片

本实例首先使用"色彩"效果调整画面的色调，然后通过设置混合模式和应用"粗糙边缘"效果，实现素材的复古效果。

（1）新建一个名为"复古照片"的项目，在项目面板中导入一个复古背景图片素材和一个风景图片素材，分别如图 8-32 和图 8-33 所示。

图 8-32　复古背景图片素材

图 8-33　风景图片素材

（2）将风景图片素材拖动到时间轴面板中，自动新建一个序列，然后在时间轴面板中将风景图片素材拖动到视频轨道 V2 中，将复古背景图片素材拖动到视频轨道 V1 中。此时，节目监视器面板中的画面效果如图 8-34 所示。

（3）隐藏视频轨道 V2，选中序列中的复古背景图片素材，在"效果控件"面板中调整该素材的大小，使其完全覆盖视频画面，然后显示视频轨道 V2。

（4）在"效果"面板中，将"色彩"效果拖动到风景图片素材上。此时，节目监视器面板中的画面效果如图 8-35 所示。

图 8-34　初始画面效果

图 8-35　应用"色彩"效果后的画面效果

（5）选中风景图片素材，在"效果控件"面板中展开"不透明度"节点，设置"不透明度"为"70.0%"、"混合模式"为"相乘"，如图 8-36 所示。此时，节目监视器面板中的画面效果如图 8-37 所示。

图 8-36　设置风景图片素材的不透明度和混合模式

图 8-37　画面效果（一）

（6）展开"色彩"节点，设置将白色映射到淡黄色，如图 8-38 所示。此时，节目监视器面板中的画面效果如图 8-39 所示。

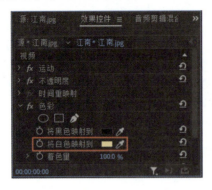

图 8-38 "色彩"效果的参数设置　　　　图 8-39 画面效果（二）

（7）在"效果"面板中找到"粗糙边缘"效果，并且将其拖动到风景图片素材上。然后在"效果控件"面板中的"粗糙边缘"节点下，设置"边缘类型"为"锈蚀"、"边框"为"45.00"，如图 8-40 所示。此时，节点监视器面板中的最终画面效果如图 8-41 所示。

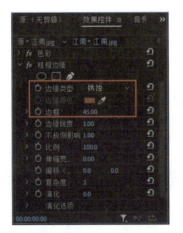

图 8-40 "粗糙边缘"效果的参数设置　　　图 8-41 最终画面效果

四、"过时"类效果

"过时"类效果位于"效果"面板中的"视频效果"→"过时"节点下，包含多种用于对素材进行专业的颜色分级和校正的效果。

下面简要介绍"过时"类效果的功能与应用"过时"类效果后的画面效果，原始图片如图 8-42 所示。

- Color Balance(RGB)（颜色平衡 RGB）：通过调节画面中三原色的强度，调整素材的颜色，如图 8-43 所示。

图 8-42 原始图片

图 8-43　Color Balance(RGB)效果的参数设置及画面效果

- RGB 曲线：使用曲线调节每个颜色通道的颜色，用于校正素材的颜色，从而实现自然、柔和的效果。每个图的水平轴都表示原始剪辑，左侧显示阴影，右侧显示高光；垂直轴都表示效果的输出，底部显示阴影，顶部显示高光。在"辅助颜色校正"节点下，可以通过调节色相、饱和度和亮度调节颜色，并且对画面中的颜色进行校正。此外，可以拆分视图，对比应用该效果前、后的画面效果，如图 8-44 所示。

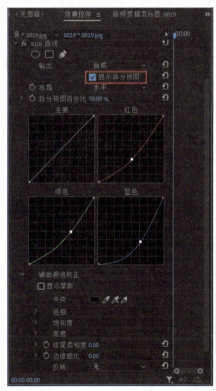

图 8-44　"RGB 曲线"效果的参数设置及应用该效果前、后的画面效果对比

- RGB 颜色校正器：通过调整红色、绿色和蓝色通道的色调，精确校正素材的颜色。基值主要用于调整黑场，增加基值会使阴影变亮，降低基值会使阴影变暗。增益主要用于调整高光或白场。对比调整基值和红色灰度系数前、后的画面效果，如图 8-45 所示。

图 8-45 "RGB 颜色校正器"效果的参数设置及应用该效果前、后的画面效果对比

- 三向颜色校正器:结合了"快速颜色校正器""RGB 颜色校正器"等效果的颜色校正功能,可以使用色轮对素材的阴影、中间调和高光分别进行调整。利用额外的控件可以修复素材中的细微问题。对比应用该效果前、后的画面效果,如图 8-46 所示。

图 8-46 "三向颜色校正器"效果的参数设置及应用该效果前、后的画面效果对比

- 亮度曲线：使用曲线控制素材的亮度。对比应用该效果前、后的画面效果，如图 8-47 所示。

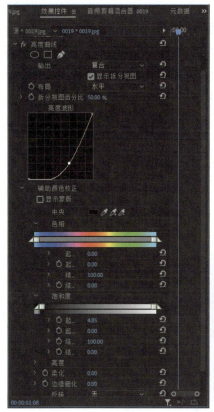

图 8-47 "亮度曲线"效果的参数设置及应用该效果前、后的画面效果对比

- 亮度校正器：用于调整画面的亮度、对比度和灰度系数。对比应用该效果前、后的画面效果，如图 8-48 所示。

图 8-48 "亮度校正器"效果的参数设置及应用该效果前、后的画面效果对比

- 保留颜色：用于指定素材中要保留的颜色，通过设置"脱色量"去除其他颜色，如图 8-49 所示。

图 8-49 "保留颜色"效果的参数设置及其画面效果

- 快速颜色校正器：通过调节色相和饱和度，调整素材的颜色和明度级别。对比应用该效果前、后的画面效果，如图 8-50 所示。

图 8-50 "快速颜色校正器"效果的参数设置及应用该效果前、后的画面效果对比

- 更改为颜色：用于将画面中的某种颜色替换为指定颜色，如图 8-51 所示。

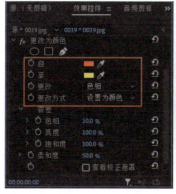

图 8-51 "更改为颜色"效果的参数设置及其画面效果

- 更改颜色：通过修改色相、亮度、饱和度和颜色，修改指定的颜色，如图 8-52 所示。如果将默认的视图方式"校正的图层"修改为"颜色校正蒙版"，则可以得到校正区域的黑白蒙版，如图 8-53 所示，白色区域是受颜色调节影响的区域。

图 8-52 "更改颜色"效果的参数设置及其画面效果　　图 8-53 采用"颜色校正蒙版"视图的画面效果

- 自动对比度：自动调整素材的对比度，该效果的参数如图 8-54 所示。
- 自动色阶：自动调整素材的色阶，该效果的参数如图 8-55 所示。

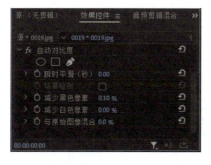

图 8-54 "自动对比度"效果的参数　　图 8-55 "自动色阶"效果的参数

- 自动颜色：自动调整素材的色彩，该效果的参数如图 8-56 所示。

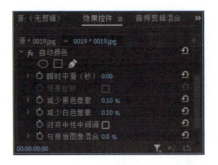

图 8-56 "自动颜色"效果的参数

- 通道混合器:使用当前颜色的混合值修改一个颜色通道,从而实现其他色彩难以实现的效果。例如,调整红色通道中蓝色所占的比例,画面效果如图 8-57 所示。如果勾选"单色"复选框,那么素材画面会变为黑白画面,如图 8-58 所示。

图 8-57 "通道混合器"效果的参数设置及其画面效果　　图 8-58 勾选"单色"复选框后的画面效果

- 阴影/高光:用于调整素材的阴影和高光,如图 8-59 所示。

图 8-59 "阴影/高光"效果的参数设置及其画面效果

项目 8 画面调色

- 颜色平衡（HLS）：通过调整素材的色相、亮度和饱和度，改变素材的颜色，如图 8-60 所示。

图 8-60 "颜色平衡（HLS）"效果的参数设置及其画面效果

实例——蓝色妖姬

本实例主要使用"颜色校正"类效果平衡图片素材的色彩，调整画面的亮度和对比度，并且使用"更改为颜色"效果将红玫瑰转换为蓝玫瑰。

（1）使用默认参数新建一个项目"蓝色妖姬.prproj"，在项目面板中导入一个红玫瑰花束图片素材，如图 8-61 所示，然后将导入的红玫瑰花束图片素材拖动到时间轴面板中，自动新建一个序列。

（2）将"效果"面板中的"颜色平衡"效果拖动到红玫瑰花束图片素材上。在"效果控件"面板中的"颜色平衡"节点下，分别调整素材的"阴影红色平衡"、"阴影蓝色平衡"、"高光绿色平衡"和"高光蓝色平衡"，如图 8-62 所示。此时，在节目监视器面板中可以看到调色后的画面效果，如图 8-63 所示。

图 8-61 导入的素材　　图 8-62 "颜色平衡"效果的参数设置　　图 8-63 调色后的画面效果

（3）将"效果"面板中的 Brightness & Contrast（亮度与对比度）效果拖动到红玫瑰花束图片素材上。在"效果控件"面板中的 Brightness & Contrast 节点下，设置"对比度"为"13.0"，如图 8-64 所示。此时，在节目监视器面板中可以看到设置对比度后的画面效果，如图 8-65 所示。

影视编辑与制作

图 8-64　Brightness & Contrast 效果的参数设置　　图 8-65　设置对比度后的画面效果

（4）将"效果"面板中的"更改为颜色"效果拖动到红玫瑰花束图片素材上。在"效果控件"面板中的"更改为颜色"节点下，使用"自"选项右侧的吸管工具拾取红玫瑰花束图片素材中的花朵颜色，单击"至"选项右侧的色块，在弹出的"拾色器"对话框中选择蓝色，然后调整色相的容差，如图 8-66 所示。此时，在节目监视器面板中可以看到最终画面效果，如图 8-67 所示。

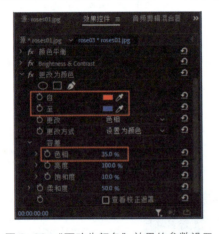

图 8-66　"更改为颜色"效果的参数设置　　图 8-67　最终画面效果

项目总结

项目实战

实战 1：冬日雪景

本实战首先为图片素材添加 Color Pass（颜色过滤）效果，从而灰度化画面主体；然后使用"颜色替换"效果替换主体颜色，从而制作冬日雪景。原始图片和调色后的画面效果分别如图 8-68 和图 8-69 所示。

图 8-68　原始图片

图 8-69　调色后的画面效果

（1）使用默认参数新建一个项目"冬日雪景.prproj"，在项目面板中导入图 8-68 中的夏日风景图片素材，然后将导入的图片素材拖动到时间轴面板中，自动新建一个序列。

（2）选中时间轴面板中的素材，将"效果"面板中的 Color Pass 效果拖动到该素材上。在"效果控件"面板中的 Color Pass 节点下，使用 Color 选项右侧的吸管工具 拾取素材中的绿色，然后勾选 Reverse 复选框，通过调整 Similarity 参数的值，将素材中的绿色变为灰色，如图 8-70 所示。在节目监视器面板中可以预览滤色后的画面效果，如图 8-71 所示。

图 8-70　Color Pass 效果的参数设置

图 8-71　滤色后的画面效果

（3）将"效果"面板中的 Color Replace 效果拖动到素材上。在"效果控件"面板中的 Color Replace 节点下，使用 Target Color 选项右侧的吸管工具 拾取素材中的灰色，单击 Replace Color 选项右侧的色块，在弹出的"拾色器"对话框中输入白色的颜色值，如图8-72所示，然后单击"确定"按钮，关闭该对话框。

（4）在"效果控件"面板中的 Color Replace 节点下，勾选 Solid Colors 复选框，通过调整 Similarity 参数的值，将素材中的灰色变为白色，如图8-73所示。

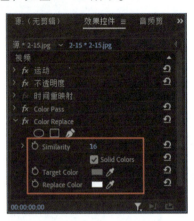

图8-72 "拾色器"对话框　　　　图8-73 Color Replace 效果的参数设置

（5）在节目监视器面板中可以预览调色后的画面效果，即图8-69展示的画面效果。

实战2：春去秋来

本实战通过调整素材的颜色并添加关键帧，制作季节变换的动画。

（1）新建一个项目"春去秋来.prproj"，导入一个风景图片素材，如图8-74所示，然后将导入的风景图片素材拖动到时间轴面板中，自动新建一个序列。

图8-74 风景图片素材

（2）为风景图片素材添加"颜色平衡（RGB）"效果，调整各个颜色通道的值，然后单击各个颜色通道左侧的"切换动画"按钮，添加关键帧，如图8-75所示。

图8-75 "颜色平衡（RGB）"效果的参数设置及画面效果

（3）将播放指示器拖动到合适的位置，进一步调整"颜色平衡（RGB）"效果的参数。然后为风景图片素材添加"更改为颜色"效果，采用默认参数设置，单击"自"、"至"

和"更改"选项左侧的"切换动画"按钮 ,添加关键帧,如图 8-76 所示。

图 8-76 "更改为颜色"效果的参数设置及画面效果

(4)将播放指示器拖动到风景图片素材的出点,调整"颜色平衡(RGB)"效果的参数,然后调整"更改为颜色"效果的参数,将风景图片素材中的绿色修改为深红色,如图 8-77 所示。

图 8-77 调整"颜色平衡"效果、"更改为颜色"效果的参数及调色后的画面效果

(5)将播放指示器拖动到时间标尺的第 1 帧,按空格键,即可在节目监视器面板中预览季节更替的动画效果。

项目 9

渲染与输出

思政目标

- 明确自己的目标与优势，清晰未来的职业方向。
- 增强社会责任感，树立正确的价值观，用视频记录、传播正能量。

技能目标

- 能够根据不同需要对视频进行渲染。
- 能够将项目导出为图像、视频，能够导出项目中的音频。
- 能够对项目进行打包管理。

项目导读

在 Premiere 中创建作品后，如果要实时预览画面或将创建的作品与他人共享，则需要对合成的画面进行渲染，并且将其输出为视频或图像。本项目主要介绍将 Premiere 项目渲染为不同格式并输出的操作方法，以及对项目文件进行打包管理的操作方法。

任务 1 渲染视频

任务引入

经过不懈地学习和努力，李想终于完成了视频作品。在正式发布视频前，细心的李想决定再仔细检查一遍项目文件，查看各个画面细节是否符合预期效果。但是整个项目涉及的素材繁多，如果每次都从头到尾预览，那么不但费时，而且对计算机的性能是一个挑战。那么，Premiere Pro 2022 是否能够只渲染指定范围的序列，或者只渲染序列中特定的素材呢？

知识准备

一、渲染视频的方式

渲染视频是指使用软件对构成视频的每个画面逐帧进行计算，从而使用可以播放的格式呈现应用的效果。Premiere 支持两种渲染方式：实时渲染和生成渲染。

实时渲染是指不需要进行生成工作，就可以看到应用效果的渲染方式。例如，在对素材应用视频效果和过渡效果、设置"运动"和"不透明度"属性、设置字幕效果时，在节目监视器面板中可以看到实时渲染的画面。

如果要预览序列中部分或所有的内容和效果，则需要进行生成渲染。例如，直接按 Enter 键，在节目监视器面板中预览作品效果就是一种简单且常用的生成渲染方式。在"序列"菜单中，与渲染有关的命令如图 9-1 所示，可以利用这些命令渲染序列并播放。如果序列中的素材较复杂，那么在进行生成渲染时会弹出"渲染"对话框，用于显示渲染进度，如图 9-2 所示。

图 9-1 "序列"菜单中与渲染有关的命令

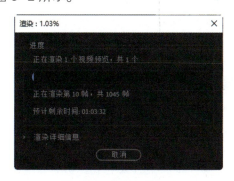

图 9-2 "渲染"对话框

提示

上述两种渲染方式都会生成渲染预览文件，并且会将生成的渲染预览文件自动存储于创建项目时指定的暂存盘文件夹中。为了提高渲染速度，建议将暂存盘文件夹放在存储空间较大的本地硬盘分区中。在菜单栏中选择"文件"→"项目设置"→"暂存盘"命令，可以修改暂存盘文件夹的路径。如果没有存储项目文件，那么在退出 Premiere 后，会自动删除渲染预览文件。

尽管进行生成渲染花费的时间较长，但是在播放时视频的质量较高，便于检查作品细节。因此，在预览较复杂的视频时，可以选择作品的部分内容进行生成渲染，检查是否符合预期效果。

在渲染视频时，默认渲染整个序列中的素材。用户也可以根据需要渲染部分序列或选中的素材。

二、渲染入点到出点

如果要检查序列中指定范围的素材和效果，则可以先指定序列的入点和出点，然后利用渲染命令进行渲染。

（1）加载要渲染的序列，如图 9-3 所示。

图 9-3　要渲染的序列

如果时间标尺下方显示红线，则表示缺少与源素材关联的已渲染文件，在不渲染的情况下，素材不能以正常的帧速率回放。通常在改变素材的速度、持续时间或对素材应用效果后会出现红线。

如果时间标尺下方显示黄线，则表示缺少与源素材关联的已渲染文件，但是不需要经过渲染，就能以正常的帧速率实时回放。这类素材通常是没有添加效果或改变速度的图片素材或视频素材。

（2）在时间轴面板中，将播放指示器拖动到要渲染的起始位置，在节目监视器面板中单击"标记入点"按钮，设置序列的入点；继续拖动播放指示器到要渲染的结束位置，单击"标记出点"按钮，设置序列的出点，如图 9-4 所示。

（3）在菜单栏中选择"序列"→"渲染入点到出点"命令，弹出"渲染"对话框，用于显示渲染进度，如图 9-5 所示。

（4）在渲染完成后，在节目监视器面板中会自动播放渲染后的画面，并且将生成的渲染预览文件暂存在指定的暂存盘文件夹中。在时间轴面板中可以看到，入点和出点之间的时间标尺下方的红线和黄线变成了绿线，表示对应的素材已经生成了渲染预览文件，在回放时会使用该文件进行实时预览，如图 9-6 所示。

图 9-4　设置序列的入点和出点

图 9-5　"渲染"对话框

图 9-6　生成了渲染预览文件的时间轴面板（一）

由此可知，使用"渲染入点到出点"命令可以将指定范围内的黄线和红线都变为绿线。

 提示

如果在"序列"菜单中选择"删除渲染文件"或"删除入点到出点的渲染文件"命令，那么时间标尺下方的绿线会变为黄线或红线。

三、渲染选择项

在 Premiere 中，不仅可以指定渲染序列的范围，还可以仅渲染序列中的部分选择项。

（1）在序列中选中要渲染的素材，如图 9-7 所示。

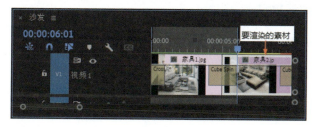

图 9-7　选中要渲染的素材

（2）在菜单栏中选择"序列"→"渲染选择项"命令，弹出"渲染"对话框，用于显示渲染进度。

（3）在渲染完成后，在节目监视器面板中会自动播放渲染后的效果，并且将生成的渲染预览文件暂存在指定的暂存盘文件夹中。在时间轴面板中可以看到，指定素材时间标尺下方的黄线没有发生变化，但添加了过渡效果部分的红线变为了绿线，表示对应的素材已经生成了渲染预览文件，如图 9-8 所示。

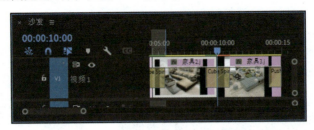

图 9-8　生成了渲染预览文件的时间轴面板（二）

由此可知，使用"渲染选择项"命令可以将红线变为绿线，但不能改变黄线。如果直接按 Enter 键（对应"渲染入点到出点命令"的效果），效果与此相同。

任务 2　导出与打包

任务引入

在项目检查完毕后，李想着手输出视频作品。他想截取视频中的部分特效画面，并且将其存储为图片和图片序列，还想将导出的视频发布到短视频平台与朋友们分享。

在 Premiere Pro 2022 中，如何输出适用于不同播放平台的图片和视频呢？能不能提取项目中的音效呢？项目中导入的素材使用的是绝对路径，如果以后要在其他计算机中修改项目文件，那么如何保证素材不脱机呢？

知识准备

在视频作品渲染完成后，需要将其输出并发布为所需格式的文件，从而得到最终作品。

一、项目输出类型

Premiere 支持多种输出格式，以便在不同平台上发布、观看作品。

在菜单栏中选择"文件"→"导出"命令，在弹出的子菜单中可以看到，Premiere 为项目提供了多种输出类型，如图 9-9 所示。

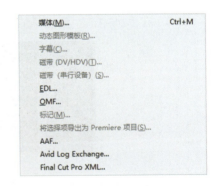

图 9-9　项目的输出类型

下面简要介绍几种主要的输出类型。
- 媒体：常用的输出类型，主要用于将项目导出为视频文件。
- 字幕：主要用于导出项目中的字幕文件。
- EDL：主要用于将项目导出为由时间码形式的视频剪辑数据组成的 EDL 文件。

EDL 是 Editorial Determination List（编辑决策列表）的缩写，在编辑时由编辑系统自动生成。
- OMF：Open Media Framework（公开媒体框架）的缩写，是一种将关于同一音段的所有重要资料制成同类格式，以便其他系统阅读的文本交换协议，可以在一套完全不同的系统中打开并编辑音频或视频片段。
- AAF：Advanced Authoring Format（高级制作格式）的缩写，是一种用于进行多媒体创建及后期制作的开放式标准。
- Avid Log Exchange：将项目导出为 ALE 格式的电影数据库文件。
- Final Cut Pro XML：将项目导出为 XML 格式的文件，通常在 Internet 环境中跨平台使用。

本任务仅介绍输出视频文件的格式和方法。

二、导出设置

（1）在项目面板中选中要导出的序列，然后在菜单栏中选择"文件"→"导出"→"媒体"命令，弹出"导出设置"对话框，如图 9-10 所示。

图 9-10 "导出设置"对话框

"导出设置"对话框的左侧为导出预览区域，包含预览窗口、"源"选项卡、"输出"选项卡和工具面板。"导出设置"对话框的右侧为导出设置区域。

（2）在预览窗口下方的工具面板中，可以设置导出的视频范围、调整素材在屏幕上的显示比例、校正素材文件的长宽比等，如图 9-11 所示。

（3）如果要裁剪输出视频，那么切换到"源"选项卡，单击左上角的"裁剪输出视频"按钮，此时预览窗口中会显示裁剪框，参数也变为了可编辑状态。拖动裁剪框的框线或修改参数，可以裁剪预览窗口中的素材。如果要将素材裁剪为某种标准的长宽比格式，那么在"裁剪比例"下拉列表中选择相应的选项即可，如图9-12所示。

图9-11　工具面板　　　　　　　图9-12　设置裁剪的长宽比

（4）切换到"输出"选项卡，在"源缩放"下拉列表中选择素材在预览窗口中的呈现方式，如图9-13所示，默认设置为"缩放以适合"。

（5）在"导出设置"节点下的"格式"下拉列表中选择导出视频的格式，如图9-14所示。

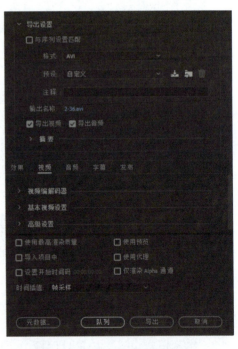

图9-13　选择素材在预览窗口中的呈现方式　　　图9-14　选择导出视频的格式

Premiere可以将项目导出为各种图片和视频格式。在选择导出视频的格式时，应根据实际需求选择合适的格式，如果希望在输出文件后可以继续进行编辑，则一般选择

QuickTime 格式；如果希望能直接观看或发布到视频网站，则一般选择 H.264 格式；如果输出的文件主要用于进行电视标清播出，则一般选择 AVI 格式。

（6）在选择导出视频的格式后，在"预设"下拉列表中选择合适的编码配置，如图 9-15 所示。

> 提示
>
> 如果对预设进行了更改，则单击"保存预设"按钮 ，可以将当前预设的参数存储为预设，以便后续使用。
>
> 在自定义预设后，单击"导入预设"按钮 ，可以加载自定义的预设文件；单击"删除预设"按钮 ，可以删除已加载的自定义预设。

（7）单击"输出名称"选项的文本区域，弹出"另存为"对话框，修改视频的输出名称和存储路径。

（8）在默认情况下，导出的视频中包含的视频和音频。如果只导出视频，则取消勾选"导出音频"复选框；如果只导出音频，则取消勾选"导出视频"复选框。

（9）在设置完成后，在"摘要"节点下可以查看视频的输出信息和源信息。

（10）如果要进一步指定编解码器、音频设置、视频设置、视频效果或发布方式，可以设置扩展参数。扩展参数区域位于"导出设置"节点的下方，如图 9-16 所示。

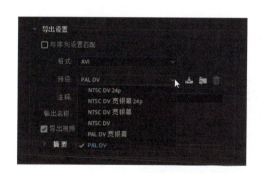

图 9-15 选择合适的编码配置

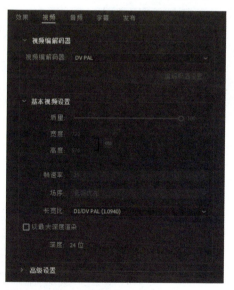

图 9-16 扩展参数区域

- "效果"选项卡：可以设置 SDR 遵从情况、图像叠加、名称叠加、时间码叠加、时间调谐器、视频限制器、响度标准化等，如图 9-17 所示。
- "视频"选项卡：可以设置视频编解码器、视频质量、视频宽度、视频高度、帧速率、场序和长宽比等参数。在"高级设置"节点下，还可以添加关键帧和优化静止图像。
- "音频"选项卡：可以设置音频编解码器、采样率、声道和样本大小等参数，如

图 9-18 所示。

图 9-17 "效果"选项卡

图 9-18 "音频"选项卡

- "字幕"选项卡：可以设置字幕的导出类型、文件格式和帧速率，如图 9-19 所示。
- "发布"选项卡：可以设置将作品发布到某些平台的路径和账户，如图 9-20 所示。

图 9-19 "字幕"选项卡

图 9-20 "发布"选项卡

（11）如果要设置输出文件的品质，则可以设置其他参数，其他参数区域如图 9-21 所示。

图 9-21 其他参数区域

（12）如果要在输出文件中写入元数据，那么单击"元数据"按钮，弹出"元数据导出"对话框，用于设置元数据，如图 9-22 所示。

（13）单击"导出设置"对话框中的"导出"按钮，即可使用当前设置导出视频。如果要将序列添加到 Adobe Media Encoder 队列中进行渲染输出，则单击"导出设置"对话框中的"队列"按钮。

图 9-22 "元数据导出"对话框

 注意

在 Adobe Media Encoder 队列中进行渲染输出时，Adobe Media Encoder 的版本应与 Premiere 的版本保持一致，否则可能无法导出 Premiere 项目。

三、导出为图片

Premiere 支持将项目导出为常见的图片格式，如 BMP、GIF、JPEG、PNG、TGA 和 TIF。

- BMP：Microsoft 公司开发的一种位图格式，对图像大小没有限制，支持 RLE 压缩，但文件体积较大，因此占用的存储空间较大。
- GIF：Graphics Interchange Format（图形交换格式）的缩写，是一种最多只能显示 256 色、支持透明背景图像无损压缩的位图格式。这种格式适合显示色调不连续或具有大面积单一颜色的图像。
- JPEG：这种格式的文件可以包含数百万种颜色，是应用于摄影作品或连续色调图像的高级格式。随着 JPEG 文件品质的提高，文件的大小和下载时间也随之增加。通常可以通过压缩 JPEG 文件，在图像品质和文件大小之间达到良好的平衡。
- PNG：一种替代 GIF 格式的无专利权限制的格式，它包括对索引色、灰度、真彩色图像及 Alpha 通道透明度的支持。PNG 格式的文件可以保留所有原始层、矢量、颜色和效果信息（如阴影），并且在任何时候，所有元素都是完全可以编辑的。
- TGA（Targa）：国际图形图像工业标准，是数字化图像等高质量图像的格式。TGA 格式分为 24 位和 32 位，使用不失真的压缩算法，是将计算机生成图像向电视转换的首选格式。该格式的主要特点是可以做出不规则形状的图形文件或图像文件。
- TIF（TIFF）：标记图像格式，支持 24 位颜色，可以包含有损压缩和未压缩的图像数据，并且允许使用矢量图形。TIF 格式与其他图片格式的不同点主要在于，除了图像数据，TIF 格式的文件还可以记录其他信息。

在将项目导出为图片时，可以根据需要选择导出为单帧图片或序列图片。

实例——导出为动画 GIF 文件

GIF 分为静态 GIF 和动画 GIF 两种。动画 GIF 是将多幅图像存储为一个图像文件，从而形成动画。

（1）打开要导出的项目"海底世界.prproj"。

（2）在菜单栏中选择"文件"→"导出"→"媒体"命令，弹出"导出设置"对话框，在"导出设置"节点下的"格式"下拉列表中选择"动画 GIF"选项，修改输出名称和存储路径。

（3）在扩展参数区域的"效果"选项卡中勾选 Lumetri Look/LUT 复选框，然后在"已应用"下拉列表中选择一种对视频进行调色的预设方案，如图 9-23 所示。在预览窗口中可以看到应用调色方案后的画面效果，如图 9-24 所示。

图 9-23　选择对视频进行调色的预设方案

图 9-24　应用调色方案后的画面效果

（4）在"效果"选项卡中勾选"时间码叠加"复选框，设置时间码的显示位置为"右上"，字体大小为 8，然后在偏移值上按住鼠标左键并拖动鼠标，调整时间码的偏移量，如图 9-25 所示。在预览窗口中可以看到叠加时间码后的画面效果，如图 9-26 所示。

图 9-25　勾选"时间码叠加"复选框并设置相关参数

图 9-26　叠加时间码后的画面效果

时间码是摄像机在记录图像信号时的一种数字编码。

（5）在其他参数区域中勾选"使用最高渲染质量"复选框，然后单击"导出"按钮，弹出编码进度对话框，用于显示编码进度。在编码完成后，弹出"成功"对话框，提示编码成功，单击"确定"按钮，关闭该对话框。定位到图片的存储路径，即可看到导出的动画 GIF 文件，如图 9-27 所示。

（6）在图片查看软件中预览导出的动画 GIF 文件，可以看到时间码随播放进程而变化，暂停播放，可以查看该动画 GIF 文件中包含的图像帧及当前帧，如图 9-28 所示。

图 9-27 导出的动画 GIF 文件

图 9-28 预览动画 GIF 文件

四、导出为视频

Premiere 支持将项目导出为多种视频格式，如 AVI、MPEG、QuickTime 和 Windows Media。

- AVI：一种专门为 Windows 操作系统设计的数字视频文件格式，兼容性高，图像质量高，缺点是占用的存储空间大。
- MPEG：这种格式主要包括 MPEG-1、MPEG-2 和 MPEG-4。其中，MPEG-1 广泛应用于 VCD 和下载的视频片段；MPEG-2 主要应用于具有演播室质量的 SDTV（标准清晰度电视）；MPEG-4 是一种新的压缩算法，对传输速率要求较低，使用帧重建技术、数据压缩技术，可以用极少的数据获得极佳的图像质量，主要应用于摄影、网络实时影像播放等领域。
- QuickTime：这种格式是苹果公司创建的一种视频格式，其视频后缀为.mov，在图像质量和文件尺寸的处理上具有很好的平衡性。
- Windows Media：这种格式的视频后缀包括.asf、.wma、.wmv、.wm，其中，采用.asf 后缀的格式（高级串流格式，ASF）是首选的 Windows Media 文件格式，采用.wma 后缀的格式是 Windows Media 音频格式，采用.wmv 和.wm 后缀的格式是 Windows Media 视频格式。

实例——导出为手机视频

随着网络技术的飞速发展和智能手机的日益普及，智能手机逐渐成为播放视频的常用工具。本实例会将项目导出为适合手机播放的视频格式和视频尺寸。

（1）打开要导出的项目"三屏短视频.prproj"。在菜单栏中选择"文件"→"导出"→"媒体"命令，弹出"导出设置"对话框，如图 9-29 所示。

图 9-29 "导出设置"对话框

建议加载尺寸为 720 像素×1280 像素的视频素材，用于保证导出的视频内容完整、不变形。如果加载的视频素材尺寸不是 720 像素×1280 像素，则可以单击"源"选项卡左上角的"裁剪输出视频"按钮，在"裁剪比例"下拉列表中选择 9∶16 选项，然后在预览窗口中调整裁剪框的位置，对源视频进行裁剪。

（2）在"导出设置"节点下的"格式"下拉列表中选择 H.264 选项，然后修改输出名称和存储路径，如图 9-30 所示。

> 提示
>
> H.264 不是视频格式，而是一种压缩率很高的视频编码标准，是 MPEG-4 第十部分。

（3）在扩展参数区域中切换到"视频"选项卡，在"基本视频设置"节点下，首先取消勾选"宽度"和"高度"选项右侧的"匹配源"复选框，然后单击"约束比例"按钮，再设置视频的宽度为 720 像素、高度为 1280 像素，最后在"长宽比"下拉列表中选择"方形像素（1.0）"选项，如图 9-31 所示。

（4）在其他参数区域中勾选"使用最高渲染质量"复选框，然后单击"导出"按钮，弹出"渲染所需音频文件"对话框。在音频文件渲染完成后，弹出编码进度对话框，用于显示编码进度。在编码完成后，弹出"成功"对话框，提示编码成功，单击"确定"按钮，关闭该对话框。

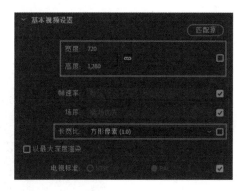

图 9-30 设置视频的导出格式、输出名称和存储路径　　图 9-31 "视频"选项卡中的参数设置

（5）定位到视频的存储路径，即可看到导出的视频文件。双击导出的视频文件，即可在视频播放器中预览视频效果，如图 9-32 所示。

图 9-32　预览视频效果

五、导出音频

除了可以将项目导出为图片或视频，还可以根据需要仅导出项目中的音频。Premiere 支持的音频格式有 WAV、MP3 和 AAC 等。

（1）打开包含音频文件的序列。

（2）在菜单栏中选择"文件"→"导出"→"媒体"命令，弹出"导出设置"对话框，在"导出设置"节点下的"格式"下拉列表中选择一种音频格式，在"预设"下拉列表中选择一种预设，并且修改输出名称和存储路径，如图 9-33 所示。

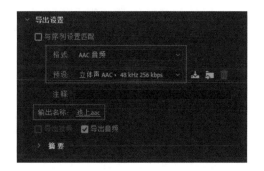

图 9-33　设置音频的导出格式、输出名称和存储路径

（3）在扩展参数区域中切换到"音频"选项卡，设置音频编解码器、采样率和声道，如图9-34所示。

图9-34 "音频"选项卡中的参数设置

 提示

采样率越高，音频质量越高，但是相应的编码时间会越长，生成的文件也越大。

（4）单击"导出"按钮，弹出编码进度对话框，用于显示编码进度。在编码完成后，弹出"成功"对话框，提示编码成功，单击"确定"按钮，关闭该对话框。定位到音频的存储路径，即可看到导出的音频文件。

六、打包项目文件

如果要在不同的计算机中打开、编辑项目文件，则可以对项目进行打包。打包项目文件实际上就是将项目中的所有文件放在一个指定的文件夹中进行归档管理。

（1）打开一个要打包的项目，在菜单栏选择"文件"→"项目管理"命令，弹出"项目管理器"对话框，如图9-35所示。

（2）在"序列"选区中选择需要打包的序列。默认选择当前时间轴面板中打开的序列。

（3）在"生成项目"选区中选择"收集文件并复制到新位置"单选按钮，这一步是打包的关键。

（4）在右侧的"选项"选区中采用默认参数设置，或者根据需要进行参数设置。

（5）单击"浏览"按钮，选择存储打包文件的目标路径。

 提示

建议使用空文件夹存储打包的文件，便于后期进行管理。

图 9-35 "项目管理器"对话框

（6）如果要查看打包文件的预估大小，则可以单击"计算"按钮。

（7）单击"确定"按钮，即可开始打包，打包的时间视具体的项目大小而定。

（8）在打包完成后，在指定路径下可以看到一个名称格式为"已复制_项目名称"的文件夹，其中包含指定序列的所有素材、渲染预览文件和项目文件，如图 9-36 所示。

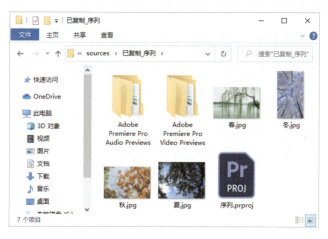

图 9-36 打包的文件

（9）双击其中的项目文件，即可启动 Premiere 并打开该项目。该项目中仅包含在步骤（2）中选中的序列。

项目总结

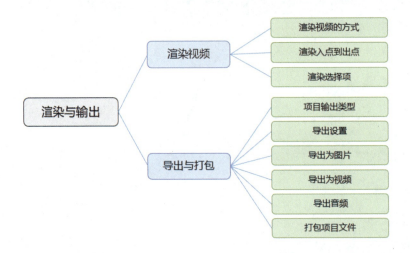

项目实战

实战1：导出为单帧图片

本实战主要将序列中某个时刻的画面导出为单帧图片。

（1）打开项目"外景拍摄.prproj"，将序列拖动到时间轴面板中，然后将播放指示器拖动到要导出的图像帧，如图9-37所示。

图9-37　找到要导出的图像帧

（2）在菜单栏中选择"文件"→"导出"→"媒体"命令，或者直接按Ctrl+M组合键，弹出"导出设置"对话框。

（3）在"导出设置"节点下的"格式"下拉列表中选择PNG选项，然后单击"输出名称"选项的文本区域，指定图片的输出名称和存储路径，如图9-38所示。

图9-38 设置图片的导出格式、输出名称和存储路径

（4）在扩展参数区域中选择"效果"选项卡，勾选"时间码叠加"复选框，然后设置"位置"为"右下"，设置文本的大小和不透明度，设置"时间源"为"生成时间码"，最后调整时间码的偏移量，如图9-39所示。此时，在预览窗口中可以预览画面效果，如图9-40所示。

图9-39 "效果"选项卡中的参数设置　　　　图9-40 预览画面效果

（5）切换到"视频"选项卡，首先取消勾选"导出为序列"复选框，然后取消勾选"宽度"和"高度"选项右侧的"匹配源"复选框，最后修改导出图片的宽度或高度，如图9-41所示。

在默认情况下，宽度和高度会约束比例进行调整。如果要分别调整图像的宽度和高度，则单击按钮，然后进行相应的设置。

（6）在其他参数区域中，勾选"使用最高渲染质量"复选框，如图9-42所示。

> 提示
>
> 使用最高渲染质量可以提供高质量的画面，但是编码时间会较长。

（7）单击"导出"按钮，弹出编码进度对话框，用于显示编码进度。在编码完成后，弹出"成功"对话框，提示编码成功，单击"确定"按钮，关闭该对话框。

图 9-41 "视频"选项卡中的参数设置　　图 9-42 勾选"使用最高渲染质量"复选框

（8）定位到图片的存储路径，可以看到导出的图片"午后的阳光.png"。双击该图片，即可预览该图片，如图 9-43 所示。

图 9-43 预览导出的图片

实战 2：导出为 MP4 格式的视频

　　MP4 格式是一种目前非常流行的视频格式，该格式有很高的数据压缩比，可以使导出的视频的存储空间更小、画面更清晰。大部分视频播放器都支持打开并流畅播放 MP4 格式的视频。

　　本实战通过将项目中的素材序列导出为 MP4 格式的视频，演示将项目导出为视频的操作方法。

　　（1）打开要导出的项目"蝶恋花.prproj"，在菜单栏中选择"文件"→"导出"→"媒体"命令，弹出"导出设置"对话框。

　　（2）在"导出设置"节点下的"格式"下拉列表中选择 H.264 选项，然后修改输出名称和存储路径，如图 9-44 所示。

　　（3）在扩展参数区域中选择"视频"选项卡，展开"基本视频设置"节点，可以修改视频的宽度、高度等参数，具体参数设置如图 9-45 所示。

 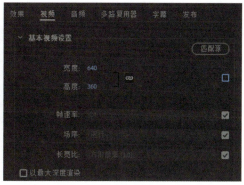

图 9-44 设置视频的导出格式、输出名称和存储路径　　图 9-45 "视频"选项卡中的参数设置

（4）在其他参数区域中，勾选"使用最高渲染质量"复选框。单击"导出"按钮，弹出"渲染所需音频文件"对话框。在音频文件渲染完成后，弹出编码进度对话框，用于显示编码进度。

（5）在编码完成后，定位到视频的存储路径，即可看到导出的视频文件。双击该视频文件，即可在视频播放器中预览视频效果，如图 9-46 所示。

图 9-46 预览视频效果